"十三五"国家重点出版物出版规划项目

先进制造理论研究与工程技术系列

PRACTICAL DESIGN GUIDANCE FOR FUNDAMENTALS OF MACHINE DESIGN

机械设计基础设计实践指导

王 瑜 闫 辉 主编

姜洪源 主审

哈尔滨工业大学出版社
HARBIN INSTITUTE OF TECHNOLOGY PRESS

内 容 简 介

"机械设计基础"是一门培养学生机械设计能力的技术基础课,旨在培养学生综合运用先修课程中所学的知识和技能,解决机械工程实际问题的能力;课程结合各种实践教学环节,进行机械工程技术人员所需的基本训练,为学生进一步学习相关专业课程和日后从事机械设计工作打下基础。因此,"机械设计基础"在近机械类专业和机械类专业的教学计划中占有重要地位和作用,是高等工科院校本科教学计划中的一门主干课程,其中完成大作业是实施创新性教育的主要环节。为了提高教学质量,加强对学生的设计指导,特编写了本指导书。全书共8章,包括绪论、平面连杆机构设计、盘形凸轮轮廓设计、齿轮设计、螺纹连接设计、螺旋起重器设计、轴系部件设计以及机械设计常用标准和其他设计资料。每章都给出有代表性的设计题目,每个题目均包括设计要求、设计参考资料和设计示例等内容。

本书主要供高等工科学校近机械类和机械类专业学生进行机械设计基础设计实践时使用,也可供其他院校相关专业师生参考。

图书在版编目(CIP)数据

机械设计基础设计实践指导/王瑜,闫辉主编. —哈尔滨:
哈尔滨工业大学出版社,2019.9(2022.8 重印)
ISBN 978-7-5603-7800-8

Ⅰ.①机… Ⅱ.①王… ②闫… Ⅲ.①机械设计-
高等学校-教材 Ⅳ.①TH122

中国版本图书馆 CIP 数据核字(2018)第 259603 号

策划编辑　王桂芝　黄菊英
责任编辑　张　荣
出版发行　哈尔滨工业大学出版社
社　　址　哈尔滨市南岗区复华四道街 10 号　邮编 150006
传　　真　0451-86414749
网　　址　http://hitpress.hit.edu.cn
印　　刷　哈尔滨市颉升高印刷有限公司
开　　本　787 mm×1 092 mm　1/16　印张 6.5　字数 126 千字
版　　次　2019 年 9 月第 1 版　2022 年 8 月第 2 次印刷
书　　号　ISBN 978-7-5603-7800-8
定　　价　28.00 元

前　言

"机械设计基础"是一门培养学生机械设计能力的技术基础课,实践性很强,学生必须通过大量的设计实践才能深入理解教材中的设计理论,掌握机械设计规律。机械设计基础大作业是理论联系实际、培养同学们设计能力的一个重要环节。大作业把设计计算及结构设计密切地结合起来,通过完成大作业,同学们可以掌握简单机构、单个零件及简单部件的设计方法,熟悉国家标准、一般规范及设计手册、图册等资料的运用,培养运用已学过的理论知识分析解决设计问题的能力,为进一步学习和从事机械设计打下一定的基础。实践证明,完成大作业对学生理解"机械设计基础"课程知识和了解机械设计的内涵具有重要作用。

"机械设计基础"在近机械类专业和机械类专业的教学计划中占有重要地位和作用,是高等工科院校本科教学计划中的一门主干课程,其中完成大作业是实施创新性教育的主要环节。为了提高教学质量,加强对学生的设计指导,特编写了本指导书。《机械设计基础设计实践指导》是"机械设计基础"课程的配套教材,2003 年开始启用,经过 10 多年的总结修订,不断完善,现正式出版。

全书共 8 章,包括绪论、平面连杆机构设计、盘形凸轮轮廓设计、齿轮设计、螺纹连接设计、螺旋起重器设计、轴系部件设计以及机械设计常用标准和其他设计资料。每章都给出有代表性的设计题目,每个题目均包括设计要求、设计参考资料和设计示例等内容。书中给出的设计题目是结合"机械设计基础"课程的教学内容精心设计而成,教学过程中,教师可根据具体的教学时数和教学内容选做4~5 个题目。

本书由王瑜和闫辉主编,由姜洪源教授审阅。

限于编者水平,书中难免有疏漏和不当之处,恳请广大读者批评指正。

编　者
2019 年 5 月

目　　录

第1章 绪 论

1.1 机械设计基础设计实践的目的

"机械设计基础"是一门设计性质的课程,必须通过大量的设计实践才能深入理解教材中的设计理论,掌握机械设计规律。机械设计基础设计实践(简称大作业)是理论联系实际,培养学生们设计能力的一个重要环节。大作业把设计计算及结构设计密切地结合起来,通过完成大作业可使学生们掌握简单机构、单个零件及简单部件的设计方法,熟悉国家标准、一般规范及设计手册、图册等资料的运用,为进一步学习和从事机械设计打下一定的基础。

1.2 机械设计基础设计实践的内容

机械设计基础设计实践包括:

(1)平面连杆机构设计;

(2)盘形凸轮轮廓设计;

(3)齿轮传动设计;

(4)螺纹连接设计;

(5)螺旋起重器设计;

(6)轴系部件设计。

本书共包括6个作业题目,教师可根据授课学时选择其中4～5个题目来进行设计指导。

1.3 对设计图纸及设计计算说明书的要求

总的要求:计算正确,结构合理,图面符合制图规范,说明书内容完整,文字简练,书写工整。

1.3.1 设计图纸要求

(1)图纸幅面大小、视图比例、图样画法、图线、剖面符号及尺寸标注等均应符合国家机械制图标准。

（2）图纸可用铅笔在图板上绘制，也可用计算机绘制。

（3）视图数目应尽量少，但必须清楚地表达出零件或部件的结构，必要时对较小的结构可以局部放大。

（4）图中字体不应潦草，中文字应写成仿宋体，外文及数字应按制图规范书写。

（5）标题栏及明细表的格式应符合规范。标题栏必须放在图纸的右下方，明细表一般应在标题栏之上，特殊情况下亦可放在标题栏的左侧。

（6）图纸上若无印制好的标题栏，需要自己绘制标题栏。零件图简化的标题栏格式如图1.1所示。装配图简化的标题栏及明细表格式如图1.2所示。

（7）装配图中，零件编号和明细表的说明如下。

① 零件的编号尽量按照一定的顺序来编写，标准件与非标准件可以分别编，亦可混编，规格与材料相同的零件用一个编号。

② 明细表由下向上填写；备注一栏填写该零件需要说明的事项，如没有需要说明的事项，则不填；标准件的规格标在名称后面；螺栓、螺母的性能等级标记在材料一栏中。具体示例如图1.2所示。

图1.1　零件图简化的标题栏格式

2	六角头螺栓M12×80	4	4.8级	GB/T 5780—2000	
1	底座	1	HT150		
序号	名称	数量	材料	标准	备注

(图名)		图号		共　　张	比例	
				第　　张	数量	
设计	(签名)	(日期)	机械设计基础大作业	班号		
审核	(签名)	(日期)		学号		
			哈尔滨工业大学　　(院名)			

图 1.2　装配图简化的标题栏及明细表格式

1.3.2　设计计算说明书要求

设计计算说明书是设计计算的整理和总结,是图纸设计的理论根据,是审核设计的技术文件之一。因此编写计算说明书是设计工作的一个重要组成部分。

(1) 设计计算说明书一律使用 A4 打印纸来打印,需要包含封面、任务书(扉页)、目录、设计计算的详细过程、参考文献等项目,左侧装订成册,封面和任务书格式如图 1.3 所示。

(2) 设计计算说明书中物理量标注。

① 物理量的名称和符号。

说明书中物理量的名称和符号应符合《量和单位》(GB 3100 ~ 3102—1993)的规定,某一物理量的名称和符号应统一。

物理量的符号必须采用斜体。

② 物理量的计量单位。

物理量的计量单位及符号应按《量和单位》(GB 3100 ~ 3102—1993)执行,不得使用非法定计量单位及符号。计量单位可采用汉字或符号,但应前后统一。计量单位符号,除用人名命名的单位第一个字母用大写之外,一律使用小写字母。

机械设计基础
大作业计算说明书

装

订   题目：＊＊＊
       学院：＊＊＊学院
线   班号：＊＊＊班
       学号：＊＊＊
       姓名：＊＊＊
       日期：201＊年＊月＊日

哈尔滨工业大学

机械设计基础
大作业任务书

装

订   题目：＊＊＊
       设计原始数据及要求：
线
       ＊＊＊＊＊＊＊＊

（a）设计计算说明书封面　　　　　（b）设计计算说明书扉页 —— 设计任务书格式

图1.3　设计说明书封面及设计任务书格式

非物理量单位（如件、台、人、元、次等）可以采用汉字与单位符号混写的方式，如"万 t·km""t∕（人·a）"等。

（3）外文字母的正体与斜体用法。

按照上述标准规定，物理量符号，物理常量、变量符号采用斜体；计量单位等符号采用正体；外文字母采用 Times New Roman 字体。

（4）数字。

根据《出版物上数字用法的规定》（GB/T 15835—1995），除习惯用中文数字表示的以外，一般均使用阿拉伯数字，采用 Times New Roman 字体。

（5）公式。

说明书中的公式应另起行，并居中书写，且要与周围文字留有足够的位置区分开。公式应标注序号，并将序号置于括号内。公式序号按章编排，如第 1 章第 1 个公式的序号为"（1.1）"。所有公式的序号右端对齐。

说明书中引用公式时，一般用"见式（1.1）"或"由公式（1.1）"。

若公式前有文字(如"解""假定"等),文字前空 4 个半角字符,公式仍居中写,公式末不加标点。

公式中用斜线表示"除"的关系时应采用括号,以免含糊不清,如 $a/(b\cos x)$。通常"乘"的关系在前,如 $a\cos x/b$ 不能写成 $(a/b)\cos x$。

公式较长时最好在等号"="处转行,如难实现,则可在"+、-、×、÷"运算符号处转行,转行时运算符号仅书写于转行式前,不重复书写。

公式中第一次出现的物理量代号应给予注释,注释的转行应与破折号"——"后第一个字对齐。破折号占 4 个半角字符,注释物理量需用公式表示时,公式后不应出现公式序号。具体格式如下

$$d_2 \geqslant 0.8\sqrt{\frac{\rho}{\psi[p]}} = 0.8\sqrt{\frac{40\,000}{2.5 \times 20}} = 29.21(\mathrm{mm})$$

式中　　d_2——梯形螺纹的中径,mm;

　　　　Q——起重载荷,N,此处 $Q = 40\,000$ N;

　　　　ψ——系数,整体式螺母时取 $\psi = 2$;

　　　　$[p]$——螺旋副的许用压强,MPa,查参考文献[1]中185页,钢对青铜,低速,取 $[p] = 20$ MPa。

(6)对所引用的计算公式和数据,应注明来源——参考文献的编号和页次,例如前面所取的 $[p]$ 值。

(7)对某些计算结果做出简单的结论,例如关于强度计算的结论——"在许用范围内"或"满足强度条件"等。

(8)设计计算说明书中应附有必要的简图,例如受力分析图、零部件结构简图等。

第2章 平面连杆机构设计

2.1 设计题目

平面连杆机构的图解法设计。

2.2 设计原始数据

设计一曲柄摇杆机构。已知摇杆长度 l_3、摆角 ψ 和摇杆的行程速比系数 K，要求摇杆 CD 靠近曲柄回转中心 A 一侧的极限位置与机架间的夹角为 $\angle CDA$，试用图解法设计其余三杆的长度，并检验（测量或计算）机构的最小传动角 γ，具体方案见表2.1。

表2.1　具体方案

数据	方案1	方案2	方案3	方案4	方案5
l_3/mm	80	60	80	90	70
ψ	40°	30°	35°	40°	35°
K	1.2	1.2	1.15	1.25	1.2
$\angle CDA$	50°	60°	55°	45°	50°

2.3 设计要求

（1）平面连杆机构图解法设计图纸一张，样图如图2.1所示。

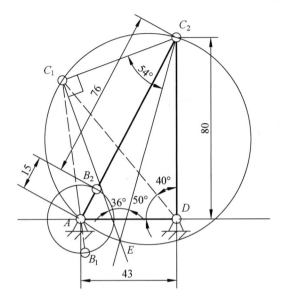

图 2.1　平面连杆机构设计样图

（2）设计计算说明书一份。

2.4　设计说明

（1）采用 *A*3 图纸,按照 1∶1 比例绘图。

（2）标注尺寸。

（3）辅助线使用细实线。

（4）杆的一个极限位置使用粗实线,另一个极限位置使用虚线。

2.5　设计计算说明书包括的内容

（1）大作业任务书(扉页)。

（2）目录。

（3）设计过程。

① 计算极位夹角 θ。

② 绘制机架位置线及摇杆的两个极限位置。

③ 确定曲柄回转中心。

④ 确定各杆长度。

⑤ 验算最小传动角 γ。

（4）参考文献。

2.6 平面四杆机构设计示例

1. 设计题目

本例的设计题目：平面四杆机构的图解法设计。

2. 设计原始数据

本例设计一曲柄摇杆机构。已知摇杆长度 l_3、摆角 ψ 和摇杆的行程速比系数 K，要求摇杆 CD 靠近曲柄回转中心 A 一侧的极限位置与机架间的夹角为 $\angle CDA$，试用图解法设计其余三杆的长度，并检验（测量或计算）机构的最小传动角 γ。

$$l_3 = 80 \text{ mm}$$

$$\psi = 40°$$

$$K = 1.5$$

$$\angle CDA = 50°$$

3. 设计计算说明书

（1）计算极位夹角 θ。

$$\theta = \frac{K - 1}{K + 1} \cdot 180°$$

代入数值，可得

$$\theta = \frac{1.5 - 1}{1.5 + 1} \times 180° = 36°$$

（2）设计制图。

① 在图纸上取一点作为 D 点，从 D 点垂直向上引出一条长为 80 mm 的线段，终点为 C_2。

② 从 D 点在 C_2D 左侧引出一条与 C_2D 夹角为 40° 的射线。

③ 以 D 点为圆心，以 C_2D 为半径画圆，与射线交于点 C_1。

④ 从 C_1 作垂直于 C_1C_2 的射线，从 C_2 作与 C_1C_2 夹角为 54° 的射线，该射线与③中射线交于一点 E。作 $\triangle l_1El_2$ 外接圆，从 D 点向左作与 DC_1 成 50° 的直线，与圆交点即为 A。

⑤ 连接 AC_1、AC_2 并量取其长度，以 $|\, l_{AC_1} - l_{AC_2} |$ 为半径画圆，直线 AC_1、AC_2 与圆的交点分别

为 B_1、B_2。

⑥ 在图中量取 $AB = 15$ mm、$BC = 76$ mm、$AD = 43$ mm。绘制四杆机构如图 2.1 所示。

（3）验算最小传动角 γ。

设 $a = AB$、$b = BC$、$c = CD$、$d = AD$。

① 在 C_1 点处根据余弦定理

$$\cos \delta_{min} = \frac{b^2 + c^2 - (d-a)^2}{2bc} = \frac{76^2 + 80^2 - 28^2}{2 \times 76 \times 80} = 0.936\ 8$$

$$\gamma'_{min} = \arccos 0.936\ 8 = 20.48°$$

② 在 C_2 点处根据余弦定理

$$\cos \delta_{max} = \frac{b^2 + c^2 - (a+d)^2}{2bc} = \frac{76^2 + 80^2 - 58^2}{2 \times 76 \times 80} = 0.724\ 7$$

$$\gamma''_{min} = 180° - \arccos 0.724\ 7 = 136.44°$$

所以最小传动角 $\gamma_{min} = 20.48°$。

4. 参考文献

［1］王瑜,敖宏瑞主编. 机械设计基础(第 5 版). 哈尔滨:哈尔滨工业大学出版社,2015.

［2］王瑜,闫辉主编. 机械设计基础设计实践指导. 哈尔滨:哈尔滨工业大学出版社,2019.

第3章　盘形凸轮轮廓设计

3.1　设计题目

盘形凸轮轮廓的图解法设计。

3.2　设计原始数据

采用图解法设计偏置滚子直动从动件 —— 盘形凸轮轮廓。设计原始数据见表 3.1（推杆的偏置方向及推杆推程和回程运动规律代号见表下方的注）。

表 3.1　设计原始数据

方案序号	凸轮角速度 ω 方向	基圆半径 r_0 /mm	偏距 e /mm	滚子半径 r_r /mm	推杆运动规律						
					推程	回程	升程 h/mm	推程角 ϕ_0	远休止角 ϕ_s	回程角 ϕ'_0	近休止角 ϕ'_s
1	顺时针	40	8	10	①	①	30	150°	30°	120°	60°
2	顺时针	40	8	10	②	②	35	140°	30°	140°	50°
3	顺时针	40	8	10	①	③	40	150°	30°	140°	40°
4	顺时针	45	10	10	④	①	30	140°	50°	120°	50°
5	顺时针	45	10	10	②	①	35	140°	40°	120°	60°

续表 3.1

方案序号	凸轮角速度 ω 方向	基圆半径 r_0 /mm	偏距 e /mm	滚子半径 r_r /mm	推杆运动规律						
					推程	回程	升程 h/mm	推程角 ϕ_0	远休止角 ϕ_s	回程角 ϕ'_0	近休止角 ϕ'_s
6	逆时针	45	10	12	②	④	40	140°	30°	120°	70°
7	逆时针	45	10	12	④	②	35	150°	30°	120°	60°
8	逆时针	50	12	12	②	③	35	130°	50°	110°	70°
9	逆时针	50	12	12	①	②	40	140°	40°	120°	60°
10	逆时针	50	12	12	③	①	45	130°	50°	130°	50°

注:(1)推杆的偏置方向应使机构推程压力角较小。

(2)推杆运动规律(推程、回程)。

①为等速运动规律;②为等加速、等减速运动规律;③为余弦加速度运动规律;④为正弦加速度运动规律

3.3 设计要求

(1)图解法设计盘形凸轮轮廓设计图纸一张,样图如图 3.1 所示。

(2)设计计算说明书一份。

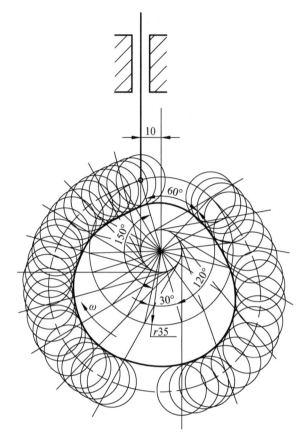

图 3.1　凸轮轮廓设计样图

3.4　设计说明

（1）采用 A3 图纸，按照 1∶1 比例绘图。

（2）凸轮轮廓的理论轮廓线使用点划线，实际轮廓线使用粗实线。

（3）使用虚线画出机架和从动件。

（4）作图过程中用到的线使用细实线画。

（5）采用说明书写出作图过程。

（6）不校验压力角。

3.5　设计计算说明书包括的内容

（1）大作业任务书（扉页）。

（2）目录。

（3）设计过程。

① 取比例尺并作基圆。

② 作反转运动,量取 ϕ_0、ϕ_s、ϕ'_0、ϕ'_s,并等分 ϕ_0 和 ϕ'_0。

③ 计算推杆的预期位移。

④ 确定理论轮廓线上的点。

⑤ 绘制理论轮廓线。

⑥ 绘制实际轮廓线。

（4）参考文献。

3.6　盘形凸轮轮廓设计示例

1. 设计题目

本例的设计题目:盘形凸轮轮廓设计。

2. 设计原始数据

本例的设计原始数据见表3.2。

表 3.2　本例的设计原始数据

凸轮角速度 ω 方向	基圆半径 r_0 /mm	偏距 e /mm	滚子半径 r_r /mm	推杆运动规律						
				推程	回程	升程 h/mm	推程角 ϕ_0	远休止角 ϕ_s	回程角 ϕ'_0	近休止角 ϕ'_s
顺时针	35	10	12	①	①	30	150°	30°	120°	60°

注:(1)推杆的偏置方向应使机构推程压力角较小。

（2）推杆运动规律(推程、回程)。

① 为等速运动规律

3. 设计计算说明书

（1）取比例尺并作基圆。

按 1：1 的比例尺作图。取一点（凸轮轴心）为圆心，取 35 mm 为半径作凸轮的理论基圆。

（2）作反转运动。

量取 ϕ_0、ϕ_s、ϕ'_0、ϕ'_s，并等分 ϕ_0、ϕ'_0。

取推程运动角为 150°，并等分为十份；取回程运动角为 120°，并等分为六份；取远休止角为 30°；取近休止角为 60°。

（3）计算推杆的预期位移。

由于推程阶段所做的运动为匀速运动，由公式

$$s = \frac{h}{\phi_0}\varphi$$

式中　　s——推杆位移，mm；

　　　　ϕ_0——推程运动角，(°)；

　　　　h——凸轮升程；

　　　　φ——凸轮运动角度，(°)。

将 φ 等于 15°、30°、45°、60°、75°、90°、105°、120°、135° 和 150° 分别代入上式得相应的推杆位移为 3、6、9、12、…、30 mm。

回程时推杆做匀速运动，同理可求出六等分点时的位移分别为 25、20、15、10、5、0 mm。

（4）确定理论轮廓线上的点。

以凸轮轴心为圆心，偏距 e = 10 mm 为半径作偏距圆。在偏距圆与角等分线的交点处作偏距圆的切线，如图 3.1 所示。并在所作的切线上向外取（3）中解出的长度来确定理论轮廓线上的点，然后以这些点为圆心、以 12 mm 为半径作圆。

（5）绘制理论轮廓线。

将（4）中的点以平滑的曲线连接起来，即为凸轮的理论轮廓线。

（6）绘制实际轮廓线。

作（4）中作的各个圆的内包络线，即得盘形凸轮的实际轮廓线。绘制凸轮轮廓如图 3.1 所示。

4. 参考文献

[1] 王瑜,敖宏瑞主编. 机械设计基础（第 5 版）. 哈尔滨：哈尔滨工业大学出版社,2015.

[2] 王瑜,闫辉主编. 机械设计基础设计实践指导. 哈尔滨：哈尔滨工业大学出版社,2019.

第4章　齿轮设计

4.1　设计题目

单级闭式圆柱齿轮设计。

4.2　设计原始数据

设计原始数据见表4.1。

表 4.1　设计原始数据

方案序号	传递的功率 P /kW	传动比 i	高速轴转速 n_1/(r·min^{-1})	轮齿方向	原动机	轮齿受载情况	载荷特性	生产批量
1	3.6	3.1	720	直齿	电动机驱动	单向工作	中等冲击	大批量
2	5	3.3	960	直齿	电动机驱动	单向工作	中等冲击	大批量
3	7.4	3	1 440	直齿	电动机驱动	单向工作	载荷平稳	大批量
4	7.6	3.3	1 460	斜齿	电动机驱动	单向工作	中等冲击	大批量
5	5.2	3.1	970	斜齿	电动机驱动	单向工作	载荷平稳	大批量
6	4	3	720	斜齿	电动机驱动	单向工作	载荷平稳	大批量

4.3　设计要求

（1）绘制大齿轮工作图一张,样图如图4.1所示。

（2）设计计算说明书一份。

模数	m	3
齿数	z_1	68
齿形角	α	20°
齿顶高系数	h_a^*	1
顶隙系数	C^*	0.25
分度圆螺旋角	β	0°
轮齿倾斜方向		
变位系数	x	0
精度等级	8 GB/T 10095.1~2—2001	
中心距及偏差	$a \pm f_a$	135±0.0315
配偶齿轮	件号	
	齿数	z_1	22
检验项目	符号	公差或偏差数值
径向跳动公差	F_r	0.056
单个齿距极限偏差	$\pm f_{pt}$	±0.018
齿距累积总公差	F_p	0.070
齿廓总偏差	F_a	0.025
螺旋线总偏差	F_β	0.029
公法线平均长度及偏差	$W_{k_s\text{Ebni}}^{-\text{Ebns}}$	$69.280_{-0.193}^{-0.080}$
跨齿数	K	8

齿轮			图号			共 张	比例	1:2
			材料	45钢	2014.10.16	第 张	数量	1
设计	×××				（日期）	机械设计基础大作业	班号	1208-××班
审核	（签名）						学号	1208-×30
						哈尔滨工业大学	机电学院	

技术要求
1. 未注明倒角 2×45°。
2. 锻造圆角 R5。
3. 正火后齿面硬度按HBS 190~210。
4. 未注尺寸公差按GB/T 1804—m。
5. 未注几何公差按GB/T 1184—K。

图4.1 大齿轮工作图

4.4　设计说明

（1）采用 A3 图纸，按照 1∶1 比例绘图。

（2）本章的齿轮传动按 8 级精度设计。

（3）根据设计准则及已知条件正确选择齿轮材料，设计计算齿轮传动的主要尺寸，如齿数 z，模数 m，分度圆直径 d_1、d_2，中心距 a 和齿宽 b 等，其他结构尺寸按经验公式或结构、加工要求确定。

（4）齿轮传动的几何尺寸数值按各自情况进行标准化、圆整或求出精确值。如模数必须标准化；中心距、齿宽应圆整；分度圆直径、螺旋角等啮合几何尺寸必须求出精确数值，尺寸应精确到小数点后 3 位，角度应准确到秒。结构尺寸如轮毂直径、宽度尽量圆整，以便制造测量。

（5）大齿轮轮毂的孔径是根据与孔相配合的轴径确定的。由于本作业中不包括轴的设计，故规定大齿轮轮毂的孔径取 $\phi = 55$ mm，孔径公差及键槽的尺寸和公差可按图 4.1 标注来确定。

（6）大齿轮的结构应根据材料、加工方法、齿轮尺寸等确定，齿轮结构及尺寸可参考其他教材或参考文献[1]。大批量生产时，齿轮毛坯通常采用模锻或铸造，此时毛坯应有 1∶10 的拔模斜度。

（7）齿轮工作图应包含图形、全部尺寸以及必要的公差、必要的几何公差、全部表面结构要求（表面粗糙度）、齿轮啮合特性表（齿形参数及公差检验项目）、技术要求及标题栏。

（8）依据本说明（2）的内容，尺寸公差、几何公差及齿轮的公差检验项目均应按 8 级精度标注，具体数值可查阅《机械设计手册》。

4.5　设计计算说明书包括的内容

（1）材料选择。

（2）确定许用应力。

（3）参数选择。

（4）按齿面接触（齿根弯曲）疲劳强度设计（确定分度圆直径、模数、中心距、齿宽、螺旋角等参数）。

（5）校核齿根弯曲（齿面接触）疲劳强度。

（6）设计和计算大齿轮的其他几何尺寸。

（7）参考文献。

4.6 齿轮设计示例

1. 设计题目

本例的设计题目：单级闭式圆柱齿轮设计。

2. 设计原始数据

本例的设计原始数据见表 4.2。

表 4.2 本例的设计原始数据

方案序号	传递的功率 P /kW	传动比 i	高速轴转速 $n_1/(\text{r} \cdot \text{min}^{-1})$	轮齿方向	原动机	轮齿受载情况	载荷特性	生产批量
	5	3.1	720	直齿	电动机驱动	单向工作	中等冲击	大批量

3. 设计计算说明书

（1）选择齿轮材料。

考虑载荷特性为中等冲击，齿轮精度等级为 8 级，可选用 45 钢为单级闭式圆柱大小齿轮的材料。同时选择采用软齿面，故按照齿面接触疲劳强度进行设计，计算齿轮的分度圆直径及主要几何参数，然后校核齿根弯曲疲劳强度。

由参考文献[1]中表 6.4 查得：小齿轮调质处理，齿面硬度为 HBW 217 ～ 225，平均硬度为 HBW 236；大齿轮正火处理，齿面硬度为 HBW 162 ～ 217，平均硬度为 HBW 190。大、小齿轮齿面平均硬度差为 HBW 46，在 HBW 30 ～ 50 范围内。

（2）确定许用应力。

根据齿轮的材料和齿面平均硬度，由参考文献[1]中图 6.22 查得

$$\sigma_{\mathrm{Hlim1}} = 570 \text{ MPa}$$

$$\sigma_{\mathrm{Hlim2}} = 390 \text{ MPa}$$

$$\sigma_{\mathrm{Flim1}} = 220 \text{ MPa}$$

$$\sigma_{\mathrm{Flim2}} = 170 \text{ MPa}$$

取 $S_{\mathrm{H}} = 1$、$S_{\mathrm{F}} = 1.25$，则

$$[\sigma]_{\mathrm{H1}} = \frac{\sigma_{\mathrm{Hlim1}}}{S_{\mathrm{H}}} = \frac{570}{1} = 570(\text{MPa})$$

$$[\sigma]_{\mathrm{H2}} = \frac{\sigma_{\mathrm{Hlim2}}}{S_{\mathrm{H}}} = \frac{390}{1} = 390(\text{MPa})$$

$$[\sigma]_{\mathrm{F1}} = \frac{\sigma_{\mathrm{Flim1}}}{S_{\mathrm{F}}} = \frac{220}{1.25} = 176(\text{MPa})$$

$$[\sigma]_{\mathrm{F2}} = \frac{\sigma_{\mathrm{Flim2}}}{S_{\mathrm{F}}} = \frac{170}{1.25} = 136(\text{MPa})$$

（3）参数选择。

① 齿数 z_1、z_2：取 $z_1 = 24$；$z_2 = iz_1 = 3.1 \times 24 = 74.4$，取 $z_2 = 74$。

② 齿宽系数 ϕ_{d}：由参考文献[1]中表 6.6 取 $\phi_{\mathrm{d}} = 1.0$。

③ 载荷系数 K：由参考文献[1]中表 6.5 取 $K = 1.3$。

④ 齿数比 u：$u = \dfrac{z_2}{z_1} = \dfrac{74}{24} = 3.08$。

（4）按齿面接触疲劳强度设计。

小齿轮传递的扭矩为

$$T_1 = 9.55 \times 10^6 \times \frac{P_1}{n_1} = 9.55 \times 10^6 \times \frac{5}{720} = 6.63 \times 10^4 (\text{N} \cdot \text{mm})$$

$$[\sigma]_{\mathrm{H}} = \min\{[\sigma]_{\mathrm{H1}}, [\sigma]_{\mathrm{H2}}\} = 390(\text{MPa})$$

由参考文献[1]中式（6.22）计算小齿轮的分度圆直径，即

$$d_1 \geqslant 76.6 \sqrt[3]{\frac{KT_1(u+1)}{\phi_{\mathrm{d}} u [\sigma]_{\mathrm{H}}^2}} = 76.6 \sqrt[3]{\frac{1.3 \times 6.63 \times 10^4 \times (3.08+1)}{1.0 \times 3.08 \times 390^2}} = 64.07(\text{mm})$$

确定模数、中心距、分度圆直径及齿宽。

① 模数：$m = \dfrac{d_1}{z_1} = \dfrac{64.07}{24} = 2.67(\text{mm})$，按参考文献[1]中表 6.1 取标准模数 $m = 3 \text{ mm}$。

② 中心距：$a = \dfrac{1}{2}m(z_1 + z_2) = \dfrac{1}{2} \times 3 \times (24 + 74) = 147(\text{mm})$。

③ 分度圆直径：$d_1 = z_1 m = 24 \times 3 = 72(\text{mm})$，$d_2 = z_2 m = 74 \times 3 = 222(\text{mm})$。

④ 齿宽：$b = \phi_d d_1 = 1.0 \times 72 = 72(\text{mm})$，取 $b_2 = 72\ \text{mm}$，$b_1 = 80\ \text{mm}$。

（5）校核齿根弯曲疲劳强度。

根据齿数，由参考文献[1]中表 6.7 查得齿形系数 $Y_{F1} = 2.75$，$Y_{F2} = 2.26$。

齿形系数与许用弯曲应力的比值为

$$\frac{Y_{F1}}{[\sigma]_{F1}} = \frac{2.75}{176} = 0.015\,6$$

$$\frac{Y_{F2}}{[\sigma]_{F2}} = \frac{2.26}{136} = 0.016\,6$$

因为 $\dfrac{Y_{F2}}{[\sigma]_{F2}}$ 较大，故需要校核齿轮 2 的弯曲疲劳强度，由参考文献[1]中式（6.24）有

$$\sigma_{F2} = \frac{2KT_1 Y_{F2}}{bd_1 m} = \frac{2 \times 6.63 \times 10^4 \times 2.26}{72 \times 72 \times 3} = 19.27(\text{MPa}) < [\sigma]_{F2}$$

则齿根弯曲疲劳强度满足。

（6）计算大齿轮其他几何尺寸。

齿顶圆直径 $d_{a2} = (z_2 + 2h_a^*)m = (74 + 2 \times 1) \times 3 = 228(\text{mm})$。

为了减少质量和节省材料，采用锻造腹板式（模锻）结构。

齿轮结构尺寸的确定：

$d_k = 55\ \text{mm}$；

$D_1 \approx 1.6d_k = 1.6 \times 55 = 88\ \text{mm}$；

$D_2 = d_a - 10m = 222 - 10 \times 3 = 192\ \text{mm}$；

$L = b = 72\ \text{mm}$；

$c = 0.2b = 0.2 \times 72 = 14.4\ \text{mm}$，为便于制造检测，取 $c = 15\ \text{mm}$；

$D_0 \approx 0.5(D_1 + D_2) = 0.5 \times (88 + 192) = 140\ \text{mm}$；

$d_0 = 0.25(D_2 - D_1) = 0.25 \times (192 - 88) = 26\ \text{mm}$；

$r = 0.5c = 0.5 \times 15 = 7.5\ \text{mm}$，为便于制造检测，取 $r = 8\ \text{mm}$；

$n = 0.5m = 0.5 \times 3 = 1.5\ \text{mm}$，为便于制造检测，取 $n = 2\ \text{mm}$。

（7）绘制大齿轮工作图（略）。

4. 参考文献

［1］王瑜,敖宏瑞主编. 机械设计基础(第五版). 哈尔滨:哈尔滨工业大学出版社,2015.

［2］王瑜,闫辉主编. 机械设计基础实践指导. 哈尔滨:哈尔滨工业大学出版社,2019.

第5章　螺纹连接设计

5.1　设计题目

本章主要设计螺纹连接的典型结构,具体如下。

1. 螺栓连接

用 M16 六角头螺栓 – C 级（GB/T 5780—2000）连接两个厚度各为 40 mm 的铸铁零件,两个铸铁零件上钻 ϕ17.6 通孔,采用弹簧垫圈（GB/T 93—1987）防松。

2. 铰制孔用螺栓连接

用 M12 铰制孔用螺栓（GB/T 27—1998）连接两个厚度各为 20 mm 的钢板零件。

3. 螺钉连接

用 M12 六角头螺栓（GB/T 5782—2000）连接厚为 25 mm 的铸铁凸缘和另一个很厚的铸铁零件,采用弹簧垫圈（GB/T 93—1987）防松。

4. 双头螺柱连接

用 M12 双头螺柱（GB/T 899—1988）连接厚为 25 mm 的钢板和一个很厚的铸铁零件。

5. 紧定螺钉连接

用 M8 开槽锥端紧定螺钉（GB/T 71—1985）将 ϕ80 的零件固定在 ϕ40 mm 的轴上。

5.2　设计要求

（1）按照设计题目给出的条件查手册确定标准连接零件的尺寸。

（2）按照 1∶1 的比例与制图规范画出上述各种螺纹连接结构,并标出必要的尺寸,如图 5.1 所示。

图 5.1　螺纹连接设计样图

23

5.3　设计说明

（1）采用 A3 图纸，按照 1∶1 比例绘图。

（2）被连接件的螺栓孔按要求设计，特殊说明的除外。

（3）铸造表面拧螺栓时要锪平。

5.4　螺纹连接设计示例

本例设计题目见 5.1 节，螺纹连接设计样图如图 5.1 所示。

第6章 螺旋起重器设计

螺旋起重器(也称螺旋千斤顶)是一种简单的起重装置,用手推动手柄即可起升重物。它一般由底座、螺杆、螺母、托杯和手柄等零件所组成。

6.1 设计原始数据

设计原始数据见表6.1。

表6.1 设计原始数据

方案序号	起重量 Q/kN	最大起重高度 H/mm	
1	35	180	
2	45	170	
3	50	150	

6.2 设计要求

(1)完成螺旋千斤顶设计计算说明书一份。

(2)螺旋千斤顶装配图一张,样图如图6.1所示。

6.3 设计说明

(1)采用A3图纸,按照1∶2比例绘图。

(2)螺旋起重器的装配图要画出全部结构,标注出必要尺寸与零件编号,填写标题栏与明细表,具体如图6.1所示。

图6.1 螺旋千斤顶装配样图

技术特性
起重量 $Q = 3\,000$ N
最大起重高度 $H = 180$ mm

技术要求
1.装配前所有零件用煤油清洗。
2.配合螺纹处涂润滑脂。

零件1.4向

$\phi 90$

$\frac{I}{2:1}$

$\frac{1}{2:1}$

序号	名称	数量	材料	标准	备注
9	挡圈	1	Q235		
8	底座	1	HT200		
7	螺杆	1	45		Tr28×5
6	紧定螺钉	1		GB/T 71—1985	
5	螺母	1	ZCuAl10Fe3		
4	手柄	1	35		
3	挡圈	1			组合件
2	六角头螺栓M6×12	2	4.8级	GB/T 5783—2000	
1	托杯	1	HT200		

螺旋千斤顶		图号				共 张	比例	1:2
设计	×××（签名）	2014.11.7（日期）				第 张	数量	1
审核								

机械设计基础大作业

班号 1208××班
学号 1208××30

哈尔滨工业大学 机电学院

320~500

380

$\phi 42 \frac{H7}{r6}$

Tr28×5

$\phi 150$

A

I

1
2
3
4
5
6
7
8
9

（3）设计计算说明书应包括起重器各部分尺寸的计算,强度、自锁性和稳定性校核等。

（4）起重螺旋采用梯形螺纹。

（5）对螺杆进行稳定性校核计算时,计算长度可取为当螺杆升到最高位置时由其顶端承力截面至螺母高度中点的距离,端部支承情况可视为一端固定、一端自由。

（6）螺杆底部必须有一个挡圈,并用螺钉加以固定,以防止螺杆全部从螺母中旋出去。挡圈的结构可自行设计,其外径可略大于螺杆外径,厚度为 4 ~ 6 mm;固定挡圈用的螺钉直径及螺杆顶部的固定螺钉直径,一般为 M8 ~ M10。

（7）对于螺母与底座分开的结构,为了防止螺母随螺杆转动,必须用紧定螺钉将其固定,紧定螺钉的直径一般为 M6 ~ M8。

（8）支撑底面材料如无特别说明,则为混凝土路面。

6.4　设计参考资料

1. 结构尺寸经验公式(图 6.2 和图 6.3)

d、d_1、H 按强度计算确定;

$D_T = (2.0 \sim 2.5)d$;

$D = (1.6 \sim 1.8)d$;

$D_1 = (0.6 \sim 0.8)d$;

$D_2 \approx 1.5d$;

$D_3 \approx 1.4D_2$;

$D_4 \approx 1.4D_5$;

D_5 由结构确定;

δ、$\delta_1 = 8 \sim 10$ mm;

$h = (0.8 \sim 1)D$;

$h_1 = (1.8 \sim 2)d_1$;

$h_2 = (0.6 \sim 0.8)D_1$;

$a = 6 \sim 8$ mm;

$t = 4 \sim 6$ mm;

$$b = (0.2 \sim 0.3)H;$$

$$d_3 = (0.25 \sim 0.3)D_1,但不小于 M6;$$

$$S = (1.5 \sim 2)\delta。$$

2. 手柄材料的许用弯曲应力

手柄材料的许用弯曲应力为

$$[\sigma]_b = \frac{\sigma_s}{1.5 \sim 2}$$

式中 σ_s——手柄材料的屈服极限。

对于 Q235A,材料厚度(直径) ≤ 16 mm, σ_s = 235 MPa;材料厚度(直径) > 16 ~ 40 mm, σ_s = 225 MPa。对于 35 钢, σ_s = 315 MPa。

3. 底面挤压强度校核

(1) 校核公式为

$$\sigma_p = \frac{Q}{\frac{\pi}{4}(D_4^2 - D_N^2)} \leqslant [\sigma]_p$$

式中 Q——起重量,N;

D_4——千斤顶底座外径(图6.2),mm;

D_5——千斤顶底座内径,mm;

$[\sigma]_p$——千斤顶底座与支撑底面材料中弱者的许用挤压应力,MPa

(2) 支撑底面材料的许用挤压应力 $[\sigma]_p$ 见表6.2。

表 6.2   支撑底面材料的许用挤压应力 $[\sigma]_p$

底面材料	木材	红砖	水泥砖	混凝土路面	钢	铸铁
$[\sigma]_p$/MPa	2 ~ 4	8	10	30	$0.8\sigma_s$	$(0.4 \sim 0.5)\sigma_{bc}$

注:铸铁的许用挤压应力 $[\sigma]_p$ 中, σ_{bc} 为抗压强度。

图 6.2　螺旋千斤顶结构形式及尺寸

4. 托杯设计

环形摩擦半径 r' 为

$$r' = \frac{1}{3}\left\{\frac{[D - (2 \sim 4)]^3 - (D_1 + 2)^3}{[D - (2 \sim 4)]^2 - (D_1 + 2)^2}\right\}$$

也可简化计算环形摩擦半径 r'，取

$$r' = \frac{1}{4}\left\{[D - (2 \sim 4)] + (D_1 + 2)\right\}$$

图 6.3　托杯结构形式及尺寸

6.5　螺旋起重器设计示例

1. 设计原始数据及要求

起重量 $Q = 40$ kN，最大起重高度 $H = 200$ mm。

2. 材料选择

根据起重器的要求，选择螺杆的材料为 45 钢；螺母的材料为 ZCuAl10Fe3 高强度铸造青铜；手柄选用 Q235A；底面材料选择铸铁 HT100。

3. 起重器结构设计计算

（1）螺纹耐磨性计算。

螺纹的磨损多发生在螺母上。耐磨性计算主要是限制螺纹工作表面的压强，以防止过度磨损。

按耐磨性条件计算螺纹中径 d_2，对于梯形螺纹，$h = 0.5P$，则

$$d_2 \geqslant \sqrt{\frac{QP}{\pi \psi h [p]}} = 0.8 \sqrt{\frac{Q}{\psi [p]}}$$

式中　　Q——起重量，本例选为 40 kN；

　　　　$[p]$——许用压强，本例选为 18 ~ 25 MPa；

ψ——系数，$\psi = H/d_2 = 1.2 \sim 2.5$。

取许用压强 $[p] = 25$ MPa，系数 ψ 取 2.0，得

$$d_2 \geqslant 0.8\sqrt{\frac{40\ 000}{2.0 \times 25}} = 22.6 \ (\text{mm})$$

圆整后取公称直径 $d = 28$ mm，螺距 $P = 5$ mm。

内螺纹为

$$d = 28.5 \text{ mm}, \quad d_1 = 23 \text{ mm}, \quad d_2 = 25.5 \text{ mm}$$

外螺纹为

$$d = 28 \text{ mm}, \quad d_1 = 22.5 \text{ mm}, \quad d_2 = 25.5 \text{ mm}$$

（2）螺杆的强度校核。

对于起重螺旋，需要根据螺杆强度确定螺杆螺纹小径

$$d_1 \geqslant \sqrt{\frac{4 \times 1.25F}{\pi [\sigma]}}$$

其中

$$[\sigma] = \frac{\sigma_\text{s}}{3 \sim 5}$$

当 $\sigma_\text{s} \geqslant 355$ MPa 时，可取 $[\sigma] = \dfrac{355}{3} = 118.33$（MPa）。

计算得

$$d_1 \geqslant \sqrt{\frac{4 \times 1.25 \times 40\ 000}{\pi \times 118.33}} = 23.19(\text{mm})$$

原定螺纹不符合强度要求，选取下一系列，即

外螺纹：$d = 32$ mm，$d_1 = 25$ mm，$d_2 = 29$ mm。

内螺纹：$d = 33$ mm，$d_1 = 26$ mm，$d_2 = 29$ mm。

螺距：$P = 6$ mm。

这样，螺母高度为

$$H = \psi d_2 = 2.5 \times 29 = 72.5(\text{mm})$$

螺纹旋合圈数为

$$z = \frac{H}{P} = \frac{72.5}{6} = 12$$

由于旋合各圈受力不均,应使 $z \leqslant 10$,故取 $z = 10$,$H = 60$ mm。

（3）螺纹牙强度校核。

螺纹牙根部的剪切强度校核计算：

$$\tau = \frac{F}{\pi d' b z} \leqslant [\tau]$$

螺纹牙根部的弯曲强度校核计算：

$$\sigma_{\mathrm{b}} = \frac{3Fh}{\pi d' z b^2} \leqslant [\sigma]_{\mathrm{b}}$$

式中　　d'—— 螺母螺纹大径,$d' = 33$ mm;

　　　　h—— 螺纹牙的工作高度,$h = 0.5P = 0.5 \times 6 = 3$ mm;

　　　　b—— 螺纹牙根部厚,对于梯形螺纹 $b = 0.65P = 3.9$ mm;

　　　　$[\tau]$—— 螺母材料的许用切应力,$[\tau] = 30 \sim 40$ MPa;

　　　　$[\sigma]_{\mathrm{b}}$—— 螺母材料的许用弯曲应力,$[\sigma]_{\mathrm{b}} = 40 \sim 60$ MPa。

代入数据,则

$$\tau = \frac{40\ 000}{\pi \times 33 \times 3.9 \times 10} = 9.89(\mathrm{MPa}) \leqslant [\tau]$$

$$\sigma_{\mathrm{b}} = \frac{3 \times 40\ 000 \times 3}{\pi \times 33 \times 10 \times 3.9^2} = 22.83(\mathrm{MPa}) \leqslant [\sigma]_{\mathrm{b}}$$

可得螺纹牙强度合格。

（4）螺纹副自锁条件校核。

螺旋起重器的自锁条件为

$$\psi \leqslant \rho'$$

式中　　ψ—— 螺纹升角;

　　　　ρ'—— 当量摩擦角。

$$\psi = \arctan \frac{nP}{\pi d_2} = \arctan \frac{6}{\pi \times 29} = 3.77$$

则

$$\rho' = \arctan f' = \arctan 0.1 = 5.71$$

式中　　f'—— 当量摩擦系数。

可得螺纹副自锁条件合格。

（5）螺杆的稳定性校核。

对于细长的受压螺杆,当轴向压力 F 大于某一临界值时,螺杆会发生横向弯曲而失去稳定。受压螺杆的稳定性条件式为

$$\frac{F_c}{F} = 2.5 \sim 4$$

式中　F_c——螺杆稳定的临界载荷。

淬火钢螺杆长径比为

$$\lambda = \frac{4\mu l}{d_1} = \frac{4 \times 2.0 \times 230}{25} = 73.6 \leqslant 80$$

$$F_c = \frac{490}{1 + 0.0002\lambda^2} \frac{\pi d_1^2}{4} = \frac{490}{1 + 0.0002 \times 73.6^2} \frac{\pi \times 25^2}{4} = 115.45\ (\text{kN})$$

$$\frac{F_c}{F} = \frac{115.45}{40} = 2.89$$

式中　λ——螺杆长径比。

可得螺杆的稳定性合格。

（6）螺母的螺纹外径及凸缘设计。

螺纹外径:$D_2 \approx 1.5d = 48$ mm。

螺纹凸缘外径:$D_3 \approx 1.4D_2 = 68$ mm。

螺纹凸缘厚:$b = (0.2 \sim 0.3)H = 12 \sim 18$ mm,则取 $b = 15$ mm。

（7）手柄设计。

加在手柄上的力需要克服螺纹副之间相对转动的阻力矩和托杯支承面间的摩擦力矩。

加在手柄上的力为 $F = 300$ N,且

$$FL = T_1 + T_2$$

式中　T_1——螺旋副间的摩擦阻力矩;

　　　T_2——托杯与轴端支撑面的摩擦力矩。

可得

$$T_1 = F\tan(\psi + \rho') \cdot \frac{d_2}{2} = 40 \times \tan(3.77 + 5.71) \times \frac{29}{2} = 96.85(\text{N} \cdot \text{m})$$

$$T_2 = \frac{1}{3}fF_Q \frac{[D - (2 \sim 4)]^3 - (D_1 + 2)^3}{[D - (2 \sim 4)]^2 - (D_1 + 2)^2} = \frac{1}{3} \times 0.12 \times 40 \times \frac{50^3 - 20^3}{50^2 - 20^2} = 89.14(\text{N} \cdot \text{m})$$

33

则

$$L = \frac{T_1 + T_2}{F} = \frac{96.85 + 89.14}{300} = 0.620(\text{m}) = 620(\text{mm})$$

故取 L 为 200 mm，加套筒长为 500 mm。

手柄直径

$$d_1 \geqslant 16 \text{ mm}$$

$$\sigma_s = 225 \text{ MPa}$$

$$[\sigma]_b = \frac{\sigma_s}{1.5 \sim 2} = \frac{225}{1.5 \sim 2} = 112.5 \sim 150 \text{ (MPa)}$$

则取 $[\sigma]_b = 120$ MPa。

$$d_1 \geqslant \sqrt[3]{\frac{FL}{0.1[\sigma]_b}} = \sqrt[3]{\frac{300 \times 620}{0.1 \times 120}} = 24.93(\text{mm})$$

则取手柄直径 $d_1 = 26$ mm。

（8）底座设计。

螺杆下落到地面，需再留20～30 mm的空间，底座铸造起模斜度为1∶10，厚度为 $\delta = 10$ mm，则

$$S = (1.5 \sim 2)\delta = 20(\text{mm})$$

D_5 由结构设计确定，$D_5 = 130$ mm，即

$$D_4 = 1.4D_5 = 1.4 \times 130 = 182(\text{mm})$$

结构确定后校核底面的挤压应力为

$$\sigma_p = \frac{Q}{\frac{\pi}{4}(D_4^2 - D_5^2)} = \frac{40\,000}{\frac{\pi}{4}(182^2 - 130^2)} = 3.14(\text{MPa})$$

千斤顶底座的支撑底面材料选择铸铁HT100，查《机械设计手册》得铸件壁厚为30～50 mm时，$\sigma_{bc} = 80$ MPa，通过表6.2可得

$$[\sigma]_p = 32 \sim 40 \text{ MPa}$$

则 $\sigma_p \leqslant [\sigma]_p$，满足设计要求。

（9）托杯及其余尺寸计算。

① 该机构的其余尺寸为

$$D_{\text{T}} = (2.0 \sim 2.5)d = 70(\text{mm})$$

$$D = (1.6 \sim 1.8)d = 54(\text{mm})$$

$$D_1 = (0.6 \sim 0.8)d = 20(\text{mm})$$

$$h = (0.8 \sim 1)D = 50(\text{mm})$$

$$h_1 = (1.8 \sim 2)d_1 = 50(\text{mm})$$

$$h_2 = (0.6 \sim 0.8)D_1 = 15(\text{mm})$$

$$a = 8(\text{mm})$$

$$t = 8(\text{mm})$$

② 挡圈的选用。

螺杆底部的挡圈厚度 $\delta' = 5$ mm，外径 $d' = 36$ mm，用 M8 × 25 螺栓固定。

托杯在螺杆上的挡圈厚度 $\delta'' = 5$ mm，外径 $d'' = 24$ mm，用 M6 × 12 螺栓固定。

③ 紧定螺钉的选用。

在螺母与底座间，为防止螺母随螺杆转动，用紧定螺钉将其固定，选用开槽锥端紧定螺钉为

$$\text{GB/T 71—1985} \quad \text{M8} \times 20$$

4. 参考文献

[1] 王瑜,敖宏瑞主编. 机械设计基础(第5版). 哈尔滨:哈尔滨工业大学出版社,2015.

[2] 王瑜,闫辉主编. 机械设计基础设计实践指导. 哈尔滨:哈尔滨工业大学出版社,2019.

第7章 轴系部件设计

轴系部件设计包括直齿圆柱齿轮减速器轴系部件设计和斜齿圆柱齿轮减速器轴系部件设计。

7.1 设计原始数据

1. 直齿圆柱齿轮减速器轴系部件设计

直齿圆柱齿轮减速器轴系部件设计的原始数据见表7.1。

表7.1 直齿圆柱齿轮减速器轴系部件设计的原始数据

数据	方案序号				
	1	2	3	4	5
输出轴功率 P/kW	5.2	4	5.8	3.8	6.3
输出轴转速 $n/(\text{r}\cdot\text{min}^{-1})$	165	125	170	110	175
大齿轮齿数 z_2	99	85	81	77	83
齿轮模数 m/mm	2.5	3	3	3	3
大齿轮宽度 b/mm	65	80	80	80	80
半联轴器轮毂宽 L/mm	60	70	70	70	70

续表7.1

数据	方案序号				
	1	2	3	4	5
机器的工作环境	清洁	多尘	多尘	清洁	清洁
机器的载荷特性	微振	平稳	平稳	平稳	平稳
机器的工作年限班次	4 年 2 班	4 年 2 班	3 年 3 班	4 年 2 班	3 年 3 班

注:联轴器孔径的标准系列:直径在 $\phi25$ ~ $\phi50$ 范围内,以 0、2、5、8 结尾

2. 斜齿圆柱齿轮减速器轴系部件设计

斜齿圆柱齿轮减速器轴系部件设计较直齿圆柱齿轮减速器轴系部件设计应增加下述数据(表7.2)。

表7.2　应增加的数据

数据	方案序号				
	1	2	3	4	5
中心距 a/mm	150	150	160	160	150
小齿轮的齿数 z_1	18	17	21	20	20

7.2　设计要求

(1) 轴系部件装配图一张(样图见图 7.1 和图 7.2)。

(2) 设计说明书一份,包括输出轴、输出轴上的轴承及键的校核计算。

图7.1 轴承油润滑的轴系部件

4	轴承透盖	1	HT200			组合件
3	密封圈B 042062	1		GB/T 9877.2—2003		
2	轴	1	45			
1	键10×50	1	45	GB/T 1096—2003		
序号	名称	数量	材料	标准		备注

齿轮		图号		共 张	第 张	比例 1:2
		材料	45钢			数量 1
设计	×××	2014.10.16		班号 1208××班		
审核	(签名)	(日期)		学号 1208××30		
机械设计基础大作业						
哈尔滨工业大学					机电学院	

技术要求
1. 装配前所有零件要清洗。
2. 装配后表面涂漆。

12	端盖螺栓M8×30	12	4.8级	GB/T 5781—2000	
11	轴承端盖	1	HT200		
10	调整垫片	2	08F		成组
9	键14×45	1	45	GB/T 1096—2003	
8	齿轮	1	45		m=2,z=62
7	套筒	1	Q235		组合件
6	轴承6209	2		GB/T 9877.2—2003	
5	轴承旁螺栓M12×100	4	4.8级	GB/T 1096—2003	
序号	名称	数量	材料	标准	备注

图 7.2　轴承脂润滑的轴系部件

技术要求
1. 装配前所有零件要清洗。
2. 装配时轴承内填充润滑脂。
3. 装配后表面涂漆。

13	端盖螺栓M8×30	12		4.8级	GB/T 5781—2000
12	轴承端盖	1	HT200		
11	调整垫片	2	08F		
10	甩油片2	1	Q235		
9	键14×45	1	45		GB/T 1096—2003
8	齿轮	1	45		
7	甩油环1	1	Q235		
6	轴承6209	2			
5	轴承旁螺栓M12×100	4	4.8级		GB/T 1096—2003
序号	名称	数量	材料		标准

4	轴承透盖		1	HT200		GB/T 92010—1991		
3	毡圈油封42	成组	1	羊毛毡				
2	轴		1	45				
1	键10×50	m=2,z=62	1	45		GB/T 1096—2003		
序号	名称	组合件	数量	材料		标准		备注

		齿轮	×××		图号			共　张	比例	1:2
设计	（签名）				材料	45钢		第　张	数量	1
审核					（日期）	2014.10.16		班号 1208××班		
备注		组合件						学号 1208××30		
		机械设计基础大作业						哈尔滨工业大学	机电学院	

7.3 设计步骤

轴系部件的设计必须采用计算及绘图交叉、某些相关零件的设计同时进行的方法,步骤如下。

1. 确定轴上传动零件(齿轮)的结构及尺寸

根据已知条件确定轴上传动零件(齿轮)的结构及尺寸。

2. 初估轴径

按扭矩初算轴径,在考虑键槽时应增大直径,最后通过和联轴器标准孔径确定轴的最小直径。

3. 轴系部件结构设计

这一阶段要通过画图确定轴及轴承的结构和尺寸;布置各零件之间的相对位置;定出跨距;确定整个轴系部件的定位、固定、配合、调整、润滑及密封等。

(1)画出传动齿轮的中心线及轮廓线、箱体内壁线;齿轮至箱体内壁的距离 $\Delta_1 \geq \delta$(图7.3),箱体壁厚 δ 与中心距有关,即 $\delta = 0.025a + 1 \geq 8$,$a$ 为齿轮传动中心距。

一级圆柱齿轮减速器应为左右对称,部件设计由中心向两边设计。一般两个轴承均取同一型号,使轴承座孔直径相同可在加工时一次镗出。

(2)轴承在轴承座孔中的位置取决于轴承的润滑方式。

① 当齿轮圆周速度不小于 2 m/s 时,轴承可依靠箱体内飞溅的润滑油润滑,这时下箱体剖分面上要设计油沟,以便润滑油流动。在端盖上开设 4 个缺口并将端盖端部直径取小些,如图 7.4 和图 7.6 所示,以便可使润滑油流入轴承。此时轴承外圈端面与箱体内壁距离 $\Delta_2 = 3 \sim 5$ mm,如图7.3 和图7.4 所示。

② 当齿轮圆周速度小于 2 m/s 时,轴承用润滑脂润滑,为避免润滑脂被箱体中的润滑油冲掉,这时轴承旁应加设甩油环。此时轴承外圈端面与箱体内壁距离应取大些,即 $\Delta_2 = 8 \sim 12$ mm,如图 7.3 和图 7.5 所示。

(3)阶梯轴的设计。

初估并确定轴的最小直径后,其他轴段直径的确定要考虑下列因素:

① 轴的加工工艺性。如不同精度和粗糙度的轴径分开,配合面和非配合面分开,不同配合

图 7.3　轴系部件结构图

$\Delta_2 = (3\sim5)$ mm

图 7.4　轴承用油润滑的结构图

种类轴径分开。

②轴上零件安装的工艺性。凡零件经过的轴段一定要小于该零件孔径。

③轴上零件的轴向定位和固定。当采用轴肩定位时,轴肩应有一定高度 h 和适当的过渡圆角 r。

④轴上相配零件孔径大小。凡与标准件相配合的轴段的直径一定要符合标准件的孔径,如

图 7.5 轴承用脂润滑的结构图

联轴器、密封圈、滚动轴承处的轴径。

⑤尽量减少应力集中。当轴径变化仅为了装配方便、区别加工表面、不承受轴向力也不固定轴上零件时,相邻直径尺寸变化不要太大,以减少应力集中、节省材料和减少加工量。

阶梯轴各轴段长度可根据轴上零件的相互位置、配合长度及支承结构等因素来确定。

(4)键的设计。

根据轴径和轴段长度,查《机械设计手册》确定键的规格(键的截面尺寸和长度)。

(5)轴承座的宽度 L(图 7.3)由箱体壁厚 δ、轴承旁连接螺栓的扳手空间 C_1 和 C_2 以及区别加工面与非加工面的加工凸台确定,即 $L = \delta + C_1 + C_2 + (5 \sim 8)$ mm。 轴承旁连接螺栓的扳手空间的 C_1 和 C_2 取决于螺栓直径的大小,具体数值见表 7.3。区别加工面与非加工面的加工凸台高度一般取 5 ~ 8 mm。

表 7.3 螺栓的扳手空间 C_1 和 C_2 的数值 单位:mm

螺栓直径 d	M8	M10	M12	M16	M20	M22	M24
$C_1 \geqslant$	13	16	18	22	26	30	34
$C_2 \geqslant$	11	14	16	20	24	25	28

(6)轴承端盖设计。

凸缘式轴承端盖的结构及尺寸如图 7.6 所示。若轴承采用箱体中的润滑油润滑,则下箱体分箱面上要开设油沟,而且轴承端盖上要开设进油槽,如图7.6(d)所示。图7.6(e)为含有进油槽的轴承端盖的立体图。

图 7.6　凸缘式轴承端盖的结构及尺寸

设 d_3 为端盖螺栓直径,D 为轴承外径,则

$$e = 1.2d_3$$

$$d_1 = 1.1d_3$$

$$D_2 = D + (5 \sim 5.5)d_3$$

$$D_1 = \frac{1}{2}(D + D_2)$$

其中，$m \geqslant 10$ mm；$s \approx$ 轴承外圈厚度。

B、b、D_0、d_0 由密封圈尺寸确定（查密封标准），可得

$$e_1 \geqslant 0.15D$$

$$D_s = D - (2 \sim 4)\,\text{mm}$$

$$b_1 = 8 \sim 10\,\text{mm}$$

$$h = (0.8 \sim 1)b_1$$

（7）轴的外伸长度与外接零件及轴承端盖结构要求有关，本作业要求联轴器端面（转动件）距轴承盖端面（不转动件）有 10 ~ 15 mm 距离（图7.3）。

4. 轴、轴承及键的校核计算

确定了轴的结构、轴的支点及轴上零件力的作用点后，需对轴、轴承及键进行校核计算。

（1）对轴进行受力分析，画出轴的受力简图、弯矩图、转矩图。

（2）校核轴的强度，验算滚动轴承寿命，校核键的强度。

校核计算若不合格，则需修改设计，直到轴的强度、滚动轴承寿命和键的强度均满足要求为止。

5. 轴系部件其他部分结构设计

（1）轴上其他零件设计。

根据工作需要，从结构上考虑进行轴上其他零件的设计，如套筒、甩油环等。甩油环推荐结构如图7.7所示。

图7.7 甩油环结构

（$a = 6 \sim 9$ mm，$b = 2 \sim 3$ mm）

（2）油沟的设计。

轴承若采用箱体中的润滑油润滑,则应在上、下箱体的分箱面上开设油沟,以便使润滑油沿着油沟流入轴承。油沟的结构形式及尺寸如图7.8所示。

(a) 铸造的油沟　　　　　　　　(b) 指状铣刀加工的油沟

$a=(5\sim8)$ mm（铸造）
$a=(3\sim5)$ mm（机加工）
$b=(6\sim8)$ mm
$c=(3\sim5)$ mm

(c) 盘状铣刀加工的油沟　　　　　　(d) 油沟的尺寸

图 7.8　油沟的结构形式及尺寸

（3）轴承旁连接螺栓位置的设计。

轴承旁连接螺栓距箱体内壁为 $\delta + C_1$,且在端盖的径向方向与端盖相切,如图7.3所示。

6. 完成轴系部件装配图

装配图是反映各零件相互关系、结构形状和尺寸的图,是绘制零件工作图和组装、调整、维护机器的技术依据。因此一张完整的装配图,除需有足够的视图外,还必须有必要的尺寸及其偏差、技术要求、零件编号与明细表、标题栏等。简略说明如下。

（1）标注尺寸:装配图需要标注的尺寸有外形尺寸(长、宽、高)、配合尺寸、安装尺寸(轴外伸端直径及长度)和特性尺寸。本作业尺寸及其偏差的标注示例如图7.1和图7.2所示。

（2）技术要求:主要是对在视图上无法表示的装配、调整、检验、维护等方面的要求。对轴系部件主要是关于润滑、密封、轴向间隙调整等方面的要求。具体可参考图7.1和图7.2提出的要求。

7.4　设计说明

（1）采用 A2 图纸，按照 1∶1 比例绘图。

（2）取箱体壁厚 $\delta = 8$ mm。

（3）端盖螺栓取 M8。

（4）轴承旁连接螺栓取 M12。

7.5　轴系部件设计示例

本例题是设计带式运输机中一级齿轮减速器的输出轴轴系部件。已知输出轴功率 $P =$ 2.74 kW，转矩 $T = 289\ 458$ N·mm，转速 $n = 90.4$ r/min，圆柱齿轮分度圆直径 $d = 253.643$ mm、齿宽 $b = 62$ mm，圆周力 $F_t = 2\ 282.4$ N，径向力 $F_r = 849.3$ N，轴向力 $F_a = 485.1$ N，载荷平稳，单向转动，工作环境清洁，两班工作制，使用 5 年，大批量生产。

（1）选择轴的材料。

因传递功率不大，且对质量及结构尺寸无特殊要求，故选用常用材料 45 钢，调质处理。

（2）初算轴径 d_{min}，并根据相配联轴器的尺寸确定轴径 d_1 和长度 L_1。

对于转轴，按扭转强度初算轴径，由《机械设计基础》教材得 $C = 106 \sim 118$，考虑轴端弯矩比转矩小，故取 $C = 106$，则

$$d_{min} = C\sqrt[3]{\frac{P}{n}} = 106 \times \sqrt[3]{\frac{2.74}{90.4}} = 33.05(\text{mm})$$

考虑键槽的影响，取 $d_{min} = 33.05 \times 1.05 = 34.70(\text{mm})$。

为了补偿联轴器所连接的两轴的安装误差，隔离振动，选用弹性柱销联轴器。查《机械设计基础》教材得 $K_A = 1.5$，则计算转矩 $T_c = K_A T = 1.5 \times 289\ 458$ N·m $= 434\ 187$ N·mm。由参考文献［3］中的表 13.1 可以查得 GB/T 5014—2003 中的 LX3 型弹性柱销联轴器符合要求，其参数为：公称转矩为 1 250 N·m，许用转速为 4 750 r/min，轴孔直径范围为 30 ~ 38 mm。考虑 $d_{min} =$ 34.07 mm，故取联轴器轴孔直径为 35 mm、轴孔长度为 60 mm、J 型轴孔、A 型键。相应地，轴段 ①（图 7.9）的直径 $d_1 = 35$ mm，轴段 ① 的长度应比联轴器主动端轴孔长度略短，故取 $l_1 =$ 58 mm。

（3）结构设计。

① 确定轴承部件机体的结构形式及主要尺寸。

为方便轴承部件的装拆,铸造机体采用剖分式结构(图7.9),取机体的铸造壁厚 $\delta = 8$ mm,机体上轴承旁连接螺栓直径为12 mm,装拆螺栓所需要的扳手空间 $C_1 = 18$ mm、$C_2 = 16$ mm,故轴承座内壁至座孔外端面距离 $L = \delta + C_1 + C_2 + (5 \sim 8) = 47 \sim 50$ mm,取 $L = 50$ mm。

② 确定轴的轴向固定方式。

因为一级齿轮减速器输出轴的跨距不大,且工作温度变化不大,故轴的轴向固定采用两端固定方式(图7.10(a))。

③ 选择滚动轴承类型,并确定其润滑与密封方式。

因为轴受轴向力作用,故选用角接触球轴承支承。因为齿轮的线速度 $v = \dfrac{\pi dn}{60 \times 1\,000} = \dfrac{\pi \times 253.643 \times 90.4}{60 \times 1\,000} = 1.2 (\text{m/s}) < 2 (\text{m/s})$,齿轮转动时飞溅的润滑油不足于润滑轴承,故滚动轴承采用脂润滑。因为该减速器的工作环境清洁,脂润滑,密封处轴颈的线速度较低,故滚动轴承采用毡圈密封,并在轴上安置挡油板(图7.9)。

④ 轴的结构设计。

在本例题中有 6 个轴段的阶梯轴,轴的径向尺寸(直径)确定是以外伸轴径 d_1 为基础,同时考虑轴上零件的受力情况、轴上零件的装拆与定位固定、轴与标准件孔径的配合、轴的表面结构及加工精度等要求,逐一确定其余各轴段的直径;而轴的轴向尺寸(长度)确定,则要考虑轴上零件的位置、配合长度、支承结构情况、动静件间的距离要求等因素,通常从与传动件相配的轴段开始,然后向两边展开。

根据以上要求,确定各轴段的直径为: $d_1 = 35$ mm、$d_2 = 40$ mm、$d_3 = 45$ mm、$d_4 = 48$ mm、$d_5 = 55$ mm、$d_6 = 45$ mm。

根据轴承的类型和轴径 d_3,初选滚动轴承型号为 7209C,其基本尺寸是: $d = 45$ mm,$D = 85$ mm, $B = 19$ mm, $a = 18.2$ mm。因为轴承选用脂润滑,轴上安置挡油板,所以轴承内端面与机体内壁间要有一定距离 Δ,取 $\Delta = 10$ mm。

为避免齿轮与机体内壁相碰,在齿轮端面与机体内壁间留有足够的间距 H,取 $H = 15$ mm。采用凸缘式轴承盖,其凸缘厚度 $e = 10$ mm。为避免联轴器轮毂端面与轴承盖连接螺栓头相碰,并便于轴承盖上螺栓的装拆,联轴器轮毂端面与轴承盖间应有足够的间距 K,取 $K = 20$ mm。

在确定齿轮、机体、轴承、轴承盖、联轴器的相互位置和尺寸后,即可从轴段 ④ 开始,确定各轴段的长度。

轴段 ④ 的长度 L_4 要比相配齿轮轮毂长度 b 略短,取 $L_4 = b - 2 = 60 (\mathrm{mm})$;

轴段 ③ 的长度 $L_3 = H + \Delta + B + 2 = 15 + 10 + 19 + 2 = 46 (\mathrm{mm})$;

轴段 ② 的长度 $L_2 = (L - B - \Delta) + e + K = (50 - 19 - 10) + 10 + 20 = 51 （\mathrm{mm})$;

轴段 ① 的长度 $L_1 = 58$ mm;

轴段 ⑤ 的长度 L_5 就是轴环的宽度 m,按经验公式 $m = 1.4h = 1.4(d_s - d_4)/2 = 1.4 \times (55 - 48)/2 = 4.9 (\mathrm{mm})$,适度放大,取 $L_5 = 14$ mm;

轴段 ⑥ 的长度 $L_6 = (H + \Delta + B) - L_5 = (15 + 10 + 19) - 14 = 30 (\mathrm{mm})$。

进而,轴的支点及受力点间的跨距也随之确定下来。7209C 轴承力的作用点距外座圈大边距离 $a = 18.2$ mm,取该点为支点。取联轴器轮毂长度中间为力作用点,则可得跨距 $l_1 = 99.2$ mm, $l_2 = 56.8$ mm, $l_3 = 56.8$ mm。

⑤ 键连接设计。

联轴器及齿轮与轴的轴向连接均采用 A 型普通平键连接,分别为键 10×56(GB/T 1096—2003) 及键 14×56 (GB/T 1096—2003)。

完成的结构设计草图如图 7.9 所示。

图 7.9　轴的结构设计

（4）轴的受力分析如图 7.10 所示。

图 7.10　轴的受力分析

① 画轴的受力简图（图 7.10(b)）。

② 计算支承反力。

在水平面上

$$F_{H1} = \frac{F_r l_3 + F_a d/2}{l_2 + l_3} = \frac{849.3 \times 56.8 + 485.1 \times 253.634/2}{56.8 + 56.8} = 966.2 (\text{N})$$

$$F_{H2} = F_r - F_{H1} = 849.3 - 966.2 = -116.9 (\text{N})$$

负值表示力 F_{H2} 的方向与受力简图中所设方向相反。

在垂直平面上

$$F_{V1} = F_{V2} = \frac{F_t}{2} = \frac{2\ 282.4}{2} = 1\ 141.2 (\text{N})$$

则轴承 I 的总支承反力为

$$F_{R1} = \sqrt{F_{H1}^2 + F_{V1}^2} = \sqrt{966.2^2 + 1\,141.2^2} = 1\,495.3\,(\text{N})$$

轴承 Ⅱ 的总支承反力为

$$F_{R2} = \sqrt{F_{H2}^2 + F_{V2}^2} = \sqrt{(-116.9)^2 + 1\,141.2^2} = 1\,147.2\,(\text{N})$$

③画弯矩图(图7.10(c)、(d)、(e))。

在水平面上,$a{-}a$ 剖面左侧

$$M_{aH} = F_{H1}l_2 = 966.2 \times 56.8 = 548\,880.2\,(\text{N} \cdot \text{mm})$$

$a{-}a$ 剖面右侧

$$M'_{aH} = F_{H2}l_3 = 116.9 \times 56.8 = 6\,639.9\,(\text{N} \cdot \text{mm})$$

在垂直平面上,弯矩为

$$M_{aV} = M'_{aV} F_{V1} L_2 = 1\,141.2 \times 56.8 = 64\,820.2\,(\text{N} \cdot \text{mm})$$

合成弯矩,$a{-}a$ 剖面左侧

$$M_a = \sqrt{M_{aH}^2 + M_{aV}^2} = \sqrt{54\,879.6^2 + 64\,820.2^2} = 84\,931.9\,(\text{N} \cdot \text{mm})$$

$a{-}a$ 剖面右侧

$$M'_a = \sqrt{M'^2_{aH} + M'^2_{aV}} = \sqrt{6\,639.9^2 + 64\,820.2^2} = 65\,159.4\,(\text{N} \cdot \text{mm})$$

④画转矩图(图7.10(f))。

$$T = 289\,458\ \text{N} \cdot \text{mm}$$

(5)校核轴的强度。

在 $a{-}a$ 剖面左侧,因弯矩大会产生转矩,还有键槽引起的应力集中,故 $a{-}a$ 剖面左侧为危险剖面。

根据《机械设计基础》教材或《机械设计手册》查得,抗弯截面模量为

$$W = 0.1\,d^3 - \frac{bt\,(d-t)^2}{2d}$$

式中　　d——$a{-}a$ 截面轴的直径,mm;

　　　　b—— 键槽宽度,$b = 14$ mm;

　　　　t—— 键槽深度,$t = 5.5$ mm。

代入数值,可得

$$W = 0.1\,d^3 - \frac{bt\,(d-t)^2}{2d} = 0.1 \times 48^3 - \frac{14 \times 5.5 \times (48-5.5)^2}{2 \times 48} = 9\,610\,(\text{mm}^3)$$

50

同理,可得抗扭截面模量为

$$W_T = 0.2 d^3 - \frac{bt\,(d-t)^2}{2d} = 0.2 \times 48^3 - \frac{14 \times 5.5 \times (48-5.5)^2}{2 \times 48} = 20\,669\,(\text{mm}^3)$$

弯曲应力为

$$\sigma_b = \frac{M}{W} = \frac{84\,931.87}{9\,610} = 8.838\,(\text{MPa})$$

$$\sigma_a = \sigma_b = 8.838\,(\text{MPa})$$

$$\sigma_m = 0$$

扭剪应力为

$$\tau_T = \frac{T}{W_T} = \frac{289\,458}{20\,669} = 14.00\,(\text{MPa})$$

$$\tau_a = \tau_m = \frac{\tau_T}{2} = \frac{14}{2} = 7\,(\text{MPa})$$

对于调质处理的 45 钢,由参考文献[1]中表 10.1 可以查得 $\sigma_b = 650$ MPa, $\sigma_{-1} = 300$ MPa, $\tau_{-1} = 155$ MPa。

对于一般用途的转轴,按弯扭合成强度进行校核计算。

对于单向转动的转轴,通常转矩按脉动循环处理,故取折合系数 $\alpha = 0.6$,则当量应力为

$$\sigma_e = \sqrt{\sigma_b^2 + 4\,(\alpha\tau)^2} = \sqrt{8.838^2 + 4 \times (0.6 \times 14.00)^2} = 18.98\,(\text{MPa})$$

已知轴的材料为 45 钢,调质处理,查《机械设计基础》教材得 $\sigma_b = 650$ MPa、$[\sigma]_{-1b} = 60$ MPa。显然 $\sigma_e < [\sigma]_{-1b}$,故轴的 a—a 剖面左侧的强度满足要求。

(6) 校核键连接的强度。

联轴器处键连接的挤压应力为

$$\sigma_p = \frac{4T}{dhl}$$

式中　　d—— 键连接处轴径,mm;

　　　　T—— 传递的转矩,N·mm;

　　　　h—— 键的高度,$h = 8$ mm;

　　　　l—— 键连接的计算长度,mm。

$l = L - b = (56 - 10)\,\text{mm} = 46\,\text{mm}$,则

$$\sigma_p = \frac{4T}{dhl} = \frac{4 \times 289\,458}{35 \times 8 \times (56 - 10)} = 89.89\,(\text{MPa})$$

选取键、轴及联轴器的材料均为钢,查《机械设计基础》教材得$[\sigma]_p = 120 \sim 150\,\text{MPa}$。显然$\sigma_p < [\sigma]_p$,故强度足够。

同理,可得齿轮处键连接的挤压应力为

$$\sigma_p = \frac{4T}{dhl} = \frac{4 \times 289\,458}{48 \times 9 \times (56 - 14)} = 63.81\,(\text{MPa})$$

选取键、轴及齿轮的材料均为钢,已查得$[\sigma]_p = 120 \sim 150\,\text{MPa}$,显然$\sigma_p < [\sigma]_p$,故强度足够。

(7)校核轴承寿命。

由《机械设计手册》查得7209C轴承的$C_r = 29\,800\,\text{N}$、$C_0 = 23\,800\,\text{N}$。

① 计算轴承的轴向力。

轴承 I 、II 内部轴向力分别为

$$F_{S1} = 0.4F_{r1} = 0.4F_{R1} = 0.4 \times 1\,529.6 = 611.8\,(\text{N})$$

$$F_{S2} = 0.4F_{r2} = 0.4F_{R2} = 0.4 \times 1\,153.7 = 461.5\,(\text{N})$$

F_{S1} 及 F_{S2} 的方向如图7.11所示。F_{S2} 与 A 同向,则

$$F_{S2} + A = (461.5 + 485.1)\text{N} = 946.6\,\text{N}$$

图7.11 轴承布置及受力

显然,$F_{S2} + A > F_{S1}$,因此,轴有左移趋势。但由轴承部件的结构图分析可知,轴承 I 将使轴保持平衡,故两轴承的轴向力分别为

$$F_{a1} = F_{S2} + A = 946.6\,(\text{N})$$

$$F_{a2} = F_{S2} = 461.5\,(\text{N})$$

比较两轴承的受力,因 $F_{r1} > F_{r2}$ 及 $F_{a1} > F_{a2}$,故只需校核轴承 I 。

② 计算当量动载荷。

由$\dfrac{F_{a1}}{C_0} = 946.6/23\,800 = 0.040$,查《机械设计基础》教材得 $e = 0.41$。

因为 $\dfrac{F_{\mathrm{a1}}}{F_{\mathrm{r1}}} = 946.6/1\,529.6 = 0.62 > e$,所以 $X = 0.44$、$Y = 1.36$。

当量动载荷为

$$P_{\mathrm{r}} = XF_{\mathrm{r1}} + YF_{\mathrm{a1}} = 0.44 \times 1\,529.6 + 1.36 \times 946.6 = 1\,960.4(\mathrm{N})$$

③ 校核轴承寿命。

轴承在 100 ℃ 以下工作,查《机械设计基础》教材得 $f_{\mathrm{T}} = 1$;载荷平稳,查《机械设计基础》教材得 $f_{\mathrm{P}} = 1.5$。

轴承 Ⅰ 的寿命为

$$L_{\mathrm{h}} = \frac{10^6}{60n}\left(\frac{f_{\mathrm{T}}\,C_{\mathrm{r}}}{f_{\mathrm{P}}P_{\mathrm{r}}}\right)^3 = \frac{10^6}{60 \times 90.4}\left(\frac{1 \times 29\,800}{1.5 \times 1\,960.4}\right)^3 = 1.9 \times 10^5(\mathrm{h})$$

已知减速器使用 5 年,两班工作制,则预期寿命为

$$L'_{\mathrm{h}} = 8 \times 2 \times 300 \times 5 = 24\,000(\mathrm{h})$$

显然,$L_{\mathrm{h}} \gg L'_{\mathrm{h}}$,故障轴承寿命很充裕。

(8) 绘制轴系部件装配图如图 7.2 所示。

(9) 参考文献。

[1] 王瑜,敖宏瑞主编. 机械设计基础(第 5 版). 哈尔滨:哈尔滨工业大学出版社,2015.

[2] 王瑜,闫辉主编. 机械设计基础设计实践指导. 哈尔滨:哈尔滨工业大学出版社,2019.

第8章　机械设计常用标准和其他设计资料

8.1　机械设计基础设计实践指导中可能用到的材料参数

机械设计基础设计实践指导中可能用到的材料参数见表8.1～8.7。

表8.1　碳素结构钢力学性能(摘自 GB/T 700—2006)

牌号	质量等级	机械性能						抗拉强度极限 σ_b/ (N·mm^{-2})	伸长率 δ_5/% 不小于	应用举例
		屈服极限 σ_s/(N·mm^{-2})								
		材料厚度(直径)/mm								
		大于 ~ 至								
		≤ 16	> 16 ~ 40	> 40 ~ 60	> 60 ~ 100	> 100 ~ 150	> 150			
Q195	—	195	185					315 ~ 390	33	不重要的钢结构及农机零件等
Q215	A	215	205	195	185	175	165	335 ~ 410	31	
	B									

54

续表 8.1

牌号	质量等级	机械性能						抗拉强度极限 σ_b/ ($N \cdot mm^{-2}$)	伸长率 δ_5/% 不小于	应用举例
		屈服极限 σ_s/($N \cdot mm^{-2}$)								
		材料厚度(直径)/mm								
		大于 ~ 至								
		≤ 16	> 16 ~ 40	> 40 ~ 60	> 60 ~ 100	> 100 ~ 150	> 150			
Q235	A	235	225	215	205	195	185	375 ~ 460	26	一般轴及零件
	B									
	C									
	D									
Q255	A	255	245	235	225	215	205	410 ~ 510	24	
	B									
Q275	—	275	265	255	245	235	225	490 ~ 610	20	车轮、钢轨、农机零件

注:① 伸长率为材料厚度(直径) ≤ 16 mm 时的性能,按 σ_s 栏尺寸分段,每一段 δ_5% 值降低 1 个值。

② A 级不做冲击试验;B 级做常温冲击试验;C、D 级重要焊接结构用

表 8.2　优质碳素结构钢力学性能（摘自 GB/T 699—1999）

牌号	推荐热处理温度 /℃			机 械 性 能					应 用 举 例
				σ_b/ (N·mm^{-2})	σ_s/ (N·mm^{-2})	δ_5/ %	ψ/ %	a_k/ (kJ·m^{-2})	
	正火	淬火	回火	不　　小　　于					
08 F	930			295	175	35	60		垫片、垫圈、摩擦片等
20	910			410	245	25	55		拉杆、轴套、吊钩等
30	880	860	600	490	295	21	50	630	销轴、套杯、螺栓等
35	870	850	600	530	315	20	45	550	轴、圆盘、销轴、螺栓
40	860	840	600	570	335	19	45	470	轴、齿轮、链轮、键等
45	850	840	600	600	355	16	40	390	
50	830	830	600	630	375	14	40	310	弹簧、凸轮、轴、轧辊
60	810			675	400	12	36		

注:① 表中机械性能是试样毛坯尺寸为 25 mm 的值。

② 热处理保温时间为:正火不小于 30 min;淬火不小于 30 min;回火不小于 1 h

表 8.3 一般工程用灰铸铁件力学性能（摘自 GB/T 9439—1988）

编 号	预计的铸件力学性能			应 用 举 例
	铸件壁厚 δ/mm		抗拉强度极限 $\sigma_b \geqslant$ 表中数据/MPa	
	大于	至		
HT100	2.5	10	130	承受轻负荷、形状简单、无磨损要求的铸件，如盖、罩、手轮、把手、托盘、重锤、平衡锤、钢锭模等
	10	20	100	
	20	30	90	
	30	50	80	
HT150	2.5	10	175	承受中等负荷，耐磨性要求不高的铸件，如端盖、汽轮泵体、轴承座、阀壳、管子及管路附件、带轮、手轮；一般机床底座、床身及其他复杂零件、滑座、工作台等
	10	20	145	
	20	30	130	
	30	50	120	

续表8.3

编　　号	预计的铸件力学性能			应　用　举　例
	铸件壁厚 δ/mm		抗拉强度极限 σ_b ≥ 表中 数据／MPa	
	大于	至		
HT200	2.5	10	220	气缸、齿轮、底架、机体、飞轮、齿条、衬筒;一般机床铸有导轨的床身及中等压力(7 840 kPa 以下) 液压缸、液压泵和阀的壳体等
	10	20	195	
	20	30	170	
	30	50	160	
HT250	4.0	10	270	阀壳、液压缸、气缸、联轴器、机体、齿轮、齿轮箱外壳、飞轮、衬筒、凸轮、轴承座等
	10	20	240	
	20	30	220	
	30	50	200	

续表 8.3

编　号	预计的铸件力学性能		应　用　举　例
	铸件壁厚 δ/mm	抗拉强度极限 $\sigma_b \geqslant$ 表中数据/MPa	
	大于　至		
HT300	10　　20	290	承受大的负荷、高耐磨性、有良好气密性要求的铸件,如齿轮、凸轮、车床卡盘、剪床、压力机的机身;导板、转塔车床、自动车床及其他重负荷机床铸有导轨的床身;高压液压缸、液压泵和滑阀的壳体等
	20　　30	250	
	30　　50	230	
HT350	10　　20	340	
	20　　30	290	
	30　　50	260	

表 8.4 铸造铜合金(摘自 GB/T 1176—1987)

合金名称与牌号	铸造方法	机械性能				应 用 举 例
		$\sigma_b/$ (N·mm^{-2})	$\sigma_{0.2}/$ (N·mm^{-2})	$\delta_5/$ %	硬 度 HBW	
5-5-5锡青铜 ZCuSn5Pb5Zn5	GS、GM GZ、GC	200 250	90 100	13 13	590* 635*	用于较高负荷、中等滑动速度下工作的耐磨、耐蚀零件,如轴瓦、衬套、油塞、蜗轮等
10-1锡青铜 ZCuSn10P1	GS GM GZ	220 310 330	130 170 170	3 2 4	785* 885* 885*	用于负荷小于20 MPa和滑动速度小于8 m/s条件下工作的耐磨零件,如齿轮、蜗轮、轴瓦、套等
10-2锡青铜 ZCuSn10Zn2	GS GM GZ、GC	240 245 270	120 140 140	12 6 7	685* 785* 785*	用于中等负荷和小滑动速度下工作的管配件及阀、旋塞、泵体、齿轮、蜗轮、叶轮等

续表8.4

合金名称与牌号	铸造方法	机械性能				应用举例
		σ_b/ $(N \cdot mm^{-2})$	$\sigma_{0.2}$/ $(N \cdot mm^{-2})$	δ_5/ %	硬度 HBW	
8-13-3-2铝青铜 ZCuAl8Mn13Fe3Ni2	GS GM	645 670	280 310	20 18	1 570 1 665	用于高强度耐蚀重要零件,如船舶螺旋桨,高压阀体,泵体,耐压耐磨的齿轮、蜗轮、法兰、衬套等
9-铝青铜 ZCuAl9Mn2	GS GM	390 440		20 20	835 930	用于制造耐磨、结构简单的大型铸件,如衬套、蜗轮及增压器内气封等
10-3铝青铜 ZCuAl10Fe3	GS GM GZ、GC	490 540 540	180 200 200	13 15 15	980* 1 080* 1 080*	用于制造强度高、耐磨、耐蚀零件,如蜗轮、轴承、衬套、管嘴、耐热管配件

续表8.4

合金名称与牌号	铸造方法	机械性能				应用举例
		$\sigma_b/$ (N·mm^{-2})	$\sigma_{0.2}/$ (N·mm^{-2})	$\delta_5/$ %	硬度 HBW	
9-4-4-2 铝青铜 ZCuAl9Fe4Ni4Mn2	GS	630	250	16	1 570	用于制造高强度的重要零件,如船舶螺旋桨,耐磨及400℃以下工作的零件,如轴承、齿轮、蜗轮、螺母、法兰、阀体、导向套管等
25-6-3-3 铝黄铜 ZCuZn25Al6Fe3Mn3	GS	725	380	10	1 570*	适于高强度耐磨零件,如桥梁支承板、螺母、螺杆、耐磨板、滑块、蜗轮等
	GM	740	400	7	1 665*	
	GZ、GC	740	400	7	1 665*	
38-2-2 锰黄铜 ZCuZn38Mn2Pb2	GS	245		10	685	一般用途结构件,如套筒、衬套、轴瓦、滑块等
	GM	345		18	785	

注:① GS——砂型铸造,GM——金属型铸造,GZ——离心铸造,GC——连续铸造。

② 带 * 号的数据为参考值。布氏硬度试验,力的单位为牛顿(N)

表 8.5　工程塑料

品种		机械性能							热性能				应用举例
		抗拉强度/MPa	抗压强度/MPa	抗弯强度/MPa	延伸率/%	冲击值/(kJ·m^{-2})	弹性模量/10³ MPa	硬度 HRR	熔点/℃	马丁耐热/℃	脆化温度/℃	线胀系数/(10^{-5}℃)	
尼龙6	干态	55	88.2	98	150	带缺口3	0.254	HRR 114	215~223	40~50	-20~-30	7.9~8.7	机械强度和耐磨性优良,广泛用于制造机械、化工及电气零件。如轴承、齿轮、凸轮、蜗轮、螺钉、螺母、垫圈等。尼龙粉喷涂于零件表面,可提高耐磨性和密封性
	含水	72~76.4	58.2	68.8	250	>53.4	0.813	HRR 85					
尼龙66	干态	46	117	98~107.8	60	3.8	0.313~0.323	HRR 118	265	50~60	-25~-30	9.1~10	
	含水	81.3	88.2		200	13.5	0.137	HRR 100					
MC尼龙(无填充)		90	105	156	20	无缺口0.520~0.624	3.6(拉伸)	HBS 21.3		55		8.3	强度特高。用于制造大型齿轮、蜗轮、轴套、滚动轴承保持架、导轨、大型阀门密封面等
聚甲醛(POM)		69(屈服)	125	96	15	带缺口0.007 6	2.9(弯曲)	HBS 17.2		60~64		8.1~10.0(当温度在0~40℃时)	有良好的摩擦、磨损性能,干摩擦性能更优。可制造轴承、齿轮、凸轮、滚轮、辊子、垫圈、垫片等
聚碳酸酯(PC)		65~69	82~86	104	100	带缺口0.064~0.075	2.2~2.5(拉伸)	HBS 9.7~10.4	220~230	110~130	-100	6~7	有高的冲击韧性和优异的尺寸稳定性。可制作齿轮、蜗轮、蜗杆、齿条、凸轮、心轴、轴承、滑轮、铰链、传动链、螺栓、螺母、垫圈、铆钉、泵叶轮等

注:由于尼龙6和尼龙66吸水性很大,因此其各项性能上下差别很大

表 8.6　工业用毛毡(摘自 FJ 314—1981)

类　型	牌　号	断裂强度/MPa	断裂时延伸率/% ≤	应用举例
细毛	T112 - 26 ~ 31	2 ~ 5	90 ~ 144	用作密封、防漏油、振动缓冲衬垫等
半粗毛	T122 - 24 ~ 29	2 ~ 4	95 ~ 150	
粗毛	T132 - 32 ~ 36	2 ~ 3	110 ~ 156	

注:毛毡的厚度公称尺寸为 1.5、2、3、4、5、6、8、10、12、14、16、18、20、25 mm;宽度尺寸为 0.5 ~ 1.9 m

表 8.7　软钢纸板(摘自 QB 365—1963)　　　　　　　　　mm

厚　　　度		长 × 宽		备　　　注
公称尺寸	偏差	公称尺寸	偏差	
0.5 ~ 0.8	± 0.12	920 × 650	± 10	① 软钢纸板经甘油、蓖麻油处理,适用于制作密封连接处的垫片; ② 有关的物理和机械性能及试验方法参见标准 QB 365—1963
0.9 ~ 1.0	± 0.15	650 × 490		
1.1 ~ 2.0	± 0.15	650 × 400		
2.1 ~ 3.0	± 0.20	400 × 300		

8.2   齿轮设计中可能用到的参数

齿轮设计中可能用到的参数见表 8.8 ~ 8.10,以及图 8.1 ~ 8.8。

表 8.8   齿 8 学性能及应用范围

材料牌号	热处理方法	力 学 性 能			应 用 范 围
		强度极限 σ_b/MPa	屈服极限 σ_s/MPa	硬度 HBW、HRC 或 HV	
45	正火	580	290	HBW 162 ~ 217	低中速、中载的非重要齿轮
	调质	640	350	HBW 217 ~ 255	低中速、中载的重要齿轮
	调质 - 表面淬火			HRC 40 ~ 50 (齿面)	高速、中载而冲击较小的齿轮
40Cr	调质	700	500	HBW 241 ~ 286	低中速、中载的重要齿轮
	调质 - 表面淬火			HRC 48 ~ 55 (齿面)	高速、中载、无剧烈冲击的齿轮
38SiMnMo	调质	700	550	HBW 217 ~ 269	低中速、中载的重要齿轮
	调质 - 表面淬火			HRC 45 ~ 55 (齿面)	高速、中载、无剧烈冲击的齿轮

续表8.8

材料牌号	热处理方法	力 学 性 能			应 用 范 围
		强度极限 σ_b/MPa	屈服极限 σ_s/MPa	硬度 HBW、HRC 或 HV	
20Cr	渗碳 – 淬火	650	400	HRC 56 ~ 62 （齿面）	
20CrMnTi	渗碳 – 淬火	1 100	850	HRC 54 ~ 62 （齿面）	高速、中载并承受冲击的重要齿轮
16MnCr5	渗碳 – 淬火	780 ~ 1 080	590	HRC 54 ~ 62 （齿面）	
17CrNiMo6	渗碳 – 淬火	1 080 ~ 1 320	785	HRC 54 ~ 62 （齿面）	
38CrMoAlA	调质 – 渗氮	1 000	850	> HV 850	耐磨性好、载荷平稳、润滑良好的传动
ZG310 – 570	正火	570	310	HBW 163 ~ 197	低中速、中载的大直径齿轮
ZG340 – 640		640	340	HBW 179 ~ 207	

续表 8.8

材料牌号	热处理方法	力 学 性 能			应 用 范 围
		强度极限 σ_b/MPa	屈服极限 σ_s/MPa	硬度 HBW、HRC 或 HV	
HT250	人工时效	250		HBW 170 ~ 240	低中速、轻载、冲击较小的齿轮
HT300		300		HBW 187 ~ 255	
HT350		350		HBW 179 ~ 269	
QT500 - 5	正火	500	350	HBW 170 ~ 230	低中速、轻载、有冲击的齿轮
QT600 - 2		600	420	HBW 190 ~ 270	
QT700 - 2		700	490	HBW 225 ~ 305	
布基酚醛层压板		100		HBW 30 ~ 50	高速、轻载、要求声响小的齿轮
MC 尼龙		90		HBW 21	

注:① 我国已成功地研制出许多低合金高强度的钢,在使用时应注意选用。40MnB、40MnVB 可替代 40Cr;
　　20Mn2B、20MnVB 可替代 20Cr、20CrMnTi。
　　② 表中的速度界限是:当齿轮的圆周速度 $v < 3$ m/s 时称为低速;3 m/s $\leqslant v < 6$ m/s 时称为低中速;$v = 6 ~ 15$ m/s 时称为中速;$v > 15$ m/s 时称为高速

表8.9 使用系数 K_A

原动机工作特性	工 作 机 工 作 特 性			
	均匀平稳	轻微冲击	中等冲击	严重冲击
均匀平稳	1.00	1.25	1.50	1.75
轻微冲击	1.10	1.35	1.60	1.85
中等冲击	1.25	1.50	1.75	2.00
严重冲击	1.50	1.75	2.00	2.25 或更大

注:① 对于增速传动,根据经验建议取上表值的1.1倍。

② 当外部机械与齿轮装置之间挠性连接时,通常 K_A 值可适当减小

图8.1 动载系数 K_v

表 8.10　材料弹性系数 Z_E　　　　$\sqrt{\text{MPa}}$

小齿轮材料＼大齿轮材料	钢	铸　钢	铸　铁	球墨铸铁	夹布胶木
钢	189.8	188.9	165.4	181.4	56.4
铸钢	186.9	188.0	161.4	180.5	
铸铁	165.4	161.4	146.0	156.6	
球墨铸铁	181.4	180.5	156.6	173.9	

图 8.2　齿向载荷分布系数 K_β

$$\left(\text{圆柱齿轮 } \phi_d = \frac{b}{d_1}, \text{锥齿轮 } \phi_{dm} = \frac{b}{d_{m1}} = \frac{\phi_R\sqrt{u^2+1}}{2-\phi_R}\right)$$

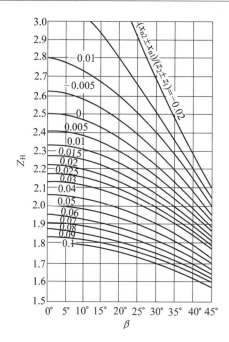

图 8.3　节点区域系数 $Z_H(\alpha_n = 20°)$
（x_{n1}、x_{n2} 分别为齿轮 1 及齿轮 2 的法面变位系数）

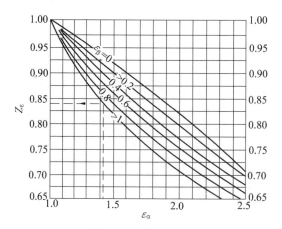

图 8.4　重合度系数 Z_ε

（$\varepsilon_\beta = \dfrac{b\sin\beta}{\pi m_n} = 0.318\phi_d Z_1 \tan\beta$，斜齿轮轴面重合度）

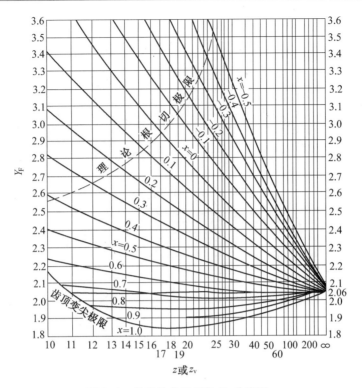

图 8.5　外齿轮齿形系数 Y_F 曲线图

$(\alpha_n = 20°, h_a^* = 1.0, c^* = 0.25, p = 0.38\ m_a)$

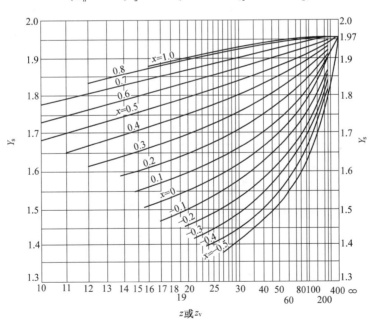

图 8.6　外齿轮应力修正系数 Y_s 曲线图

$(\alpha_n = 20°, h_a^* = 1.0, c^* = 0.25, p = 0.38\ m_a)$

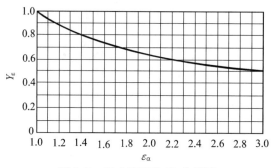

图 8.7   重合度系数 Y_ε 曲线图

图 8.8   螺旋角系数 Z_β

8.3   螺纹连接设计中可能用到的标准

1. 螺栓(表 8.11 ～ 8.13)

表8.11   六角头螺栓 – A 和 B 级(GB/T 5782—2000)、
六角头螺栓 – 全螺纹 – A 和 B 级(GB/T 5783—2000)

mm

标记示例:

螺纹规格 d = M12、公称长度 l = 80 mm、性能等级为9.8 级、表面氧化、A 级的六角头螺栓:

螺栓   GB/T 5782—2000   M12 × 80

标记示例:

螺纹规格 d = M12、公称长度 l = 80 mm、性能等级为9.8 级、表面氧化、全螺纹、A 级的六角头螺栓:

螺栓   GB/T 5783—2000   M12 × 80

续表 8.11

螺纹规格 d			M3	M4	M5	M6	M8	M10	M12	(M14)	M16	(M18)	M20	(M22)	M24	(M27)	M30
b 参考		$l \leqslant 125$	12	14	16	18	22	26	30	34	38	42	46	50	54	60	66
		$125 < l \leqslant 200$	—	—	—	—	28	32	36	40	44	48	52	56	60	66	72
		$l > 200$	—	—	—	—	—	—	53	57	61	65	69	73	79	85
a	max		1.5	2.1	2.4	3	3.75	4.5	5.25	6	6	7.5	7.5	7.5	9	9	10.5
c	max		0.4	0.4	0.5	0.5	0.6	0.6	0.6	0.6	0.8	0.8	0.8	0.8	0.8	0.8	0.8
d_w	min	A	4.57	5.88	6.88	8.88	11.63	14.63	16.63	19.64	22.49	25.34	28.19	31.17	33.61	—	—
		B	—	—	6.74	8.74	11.47	16.47	19.47	22	24.85	27.7	31.35	33.25	38	42.75	
e	min	A	6.01	7.66	8.79	11.05	14.38	17.77	20.03	23.36	26.75	30.14	33.53	37.72	39.98	—	—
		B	5.88	7.50	8.63	10.89	14.20	17.59	19.85	22.78	26.17	29.56	32.95	37.29	39.55	45.2	50.85
K	公称		2	2.8	3.5	4	5.3	6.4	7.5	8.8	10	11.5	12.5	14	15	17	18.7
r	min		0.1	0.2	0.2	0.25	0.4	0.4	0.6	0.6	0.6	0.6	0.8	1	0.8	1	1
s	公称		5.5	7	8	10	13	16	18	21	24	27	30	34	36	41	46
l 范围 (GB/T 5782 —2000)			20 ~ 30	25 ~ 40	25 ~ 50	30 ~ 60	35 ~ 80	40 ~ 100	45 ~ 120	60 ~ 140	55 ~ 160	60 ~ 180	65 ~ 200	70 ~ 220	80 ~ 240	90 ~ 260	90 ~ 300
l 范围 (全螺纹) (GB/T 5783 —2000A 型)			6 ~ 30	8 ~ 40	10 ~ 50	12 ~ 60	16 ~ 80	20 ~ 100	25 ~ 100	30 ~ 140	35 ~ 100	35 ~ 200	40 ~ 200	45 ~ 200	40 ~ 100	55 ~ 200	60 ~ 200
l 系列			6,8,10,12,16,20 ~ 70(5 进位),80 ~ 160(10 进位),180 ~ 360(20 进位)														

技术条件	材料	力学性能等级	螺纹公差	公差产品等级	表面处理
	钢	5.6、8.8、9.8、10.9	6g	A 级用于 $d \leqslant 24$ 和 $l \leqslant 10d$ 或 $l \leqslant 150$ B 级用于 $d > 24$ 和 $l > 10d$ 或 $l > 150$	氧化或电镀、按协议简单处理
	不锈钢	A2 - 70、A4 - 70			
	有色金属	Cu2、Cu3、A14 等			

注:① A、B 为产品等级,C 级产品螺纹公差为 8 g,规格为 M5 ~ M64,性能级为 3.6、4.6 和 4.8 级,详见 GB/T 5780—2000、GB/T 5781—2000。

② 括号内第二系列螺纹直径规格,尽量不采用

表8.12 六角头螺栓 C 级（GB/T 5780—2000）和六角头螺栓全螺纹 C 级（GB/T 5781—2000）

标记示例

螺纹规格 d＝M12、公称长度 l＝80 mm、性能等级 4.8 级、不经表面处理、C 级六角头螺栓，标记为：螺栓 GB/T 5780—2000 M12×80

mm

螺纹规格 d	M5	M6	M8	M10	M12	(M14)	M16	(M18)	M20	(M22)	M24	(M27)	M30	M36	M42	M48	M56	M64
s(公称)	8	10	13	16	18	21	24	27	30	34	36	41	46	55	65	75	85	95
k(公称)	3.5	4	5.3	6.4	7.5	8.8	10	11.5	12.5	14	15	17	18.7	22.5	26	30	35	40
r(最小)	0.2	0.25	0.4	0.4	0.6	0.6	0.6	0.6	0.8	0.8	0.8	1	1	1	1.2	1.6	2	2
e(最小)	8.6	10.9	14.2	17.6	19.9	22.8	26.2	29.6	33	37.3	39.6	45.2	50.9	60.8	71.3	82.6	93.6	104.9
a(最大)	2.4	3	4	4.5	5.3	6	6	7.5	7.5	7.5	7.5	9	10.5	12	13.5	15	16.5	18
d_w(最小)	6.7	8.7	11.5	14.5	16.5	19.2	22	24.9	27.7	31.4	33.3	38	42.8	51.1	60	69.5	78.7	88.2
b(参考) l≤125	16	18	22	26	30	34	38	42	46	50	54	60	66	78	—	—	—	—
b(参考) 125<l≤200	—	—	28	32	36	40	44	48	52	56	60	66	72	84	96	108	124	140
b(参考) l>200	—	—	—	—	—	53	57	61	65	69	73	79	85	97	109	121	137	153

续表 8.12

l（公称）GB/T 5780—2000	25~50	30~60	40~80	45~100	55~120	60~140	65~160	80~180	80~200	90~220	100~240	110~260	120~300	140~360	180~420	200~480	240~500	260~500
全螺纹长度 l GB/T 5781—2000	10~50	12~60	16~80	20~100	25~120	30~140	35~160	35~180	40~200	45~220	50~240	55~280	60~300	70~360	80~420	100~480	110~500	120~500
100 mm 长的质量/kg≈	0.013	0.020	0.037	0.063	0.090	0.127	0.172	0.223	0.282	0.359	0.424	0.566	0.721	1.100	1.594	2.174	3.226	4.870

l 系列（公称）: 10,12,16,20,25,30,35,40,45,50,55,60,65,70,80,90,100,110,120,130,140,150,160,180,200,220,240,260,280,300,320,340,360,380,400,420,440,460,480,500

技术条件	GB/T 5780	螺纹公差:8g	材料:钢	性能等级:d≤M39,3.6,4.6,4.8; d>M39,按协议	表面处理:不经处理,电镀,非电解锌粉覆盖	产品等级:C
	GB/T 5781	螺纹公差:8g				

注:①M5~M36 为商品规格,为销售储备的产品最通用的规格;

②M42~M64 为通用规格,较商品规格低一档,有时买不到需要现制造;

③带括号的为非优选的螺纹规格(其他各表均相同),非优选螺纹规格除表列还有 M33、M39、M45、M52 和 M60;

④末端按 GB/T 2 规定;

⑤本表尺寸对原标准进行了摘录,以后各表均相同;

⑥标记示例"螺栓 GB/T 5780　M12×80"为简化标记,它代表了标记示例的各项内容,此标准件为常用及在量供应的,与标记示例内容不同的不能用简化标记,应按 GB/T 1237—2000 规定标记,以后各螺纹连接件均同;

⑦表面处理:电镀技术要求按 GB/T 5267;非电解锌粉覆盖技术要求按 ISO 10683;如需其他表面镀层或表面处理,应由双方协议;

⑧GB/T 5780 增加了短规格,推荐采用 GB/T 5781 全螺纹螺栓

表 8.13　六角头铰制孔用螺栓 A 级和 B 级(GB/T 27—1988)　　　　　　mm

允许制造的形式

标记示例:

螺纹规格 d = M12、d_s 尺寸按表规定、公称长度 l = 80 mm、性能等级为 8.8 级、表面氧化处理、A 级的六角头铰制孔用螺栓:

螺栓 GB/T 27—1988　M12 × 80

d_s 按 m6 制造时,应加标记 m6:

螺栓 GB/T 27—1988　M12 × m6 × 80

d		M6	M8	M10	M12	M16	M20
$d_s(h9)_{max}$		7	9	11	13	17	21
s_{max}		10	13	16	18	24	30
k　公称		4	5	6	8	9	11
r_{min}		0.25	0.4		0.6		0.8
d_p		4	5.5	7	8.5	12	15
l_2		1.5		2		3	4
e_{min}	A	11.05	14.38	17.77	20.03	26.75	33.53
	B	10.89	14.2	17.59	19.85	26.17	32.95
b		2.5				3.5	
l 范围		22 ~ 65	25 ~ 80	30 ~ 120	35 ~ 180	45 ~ 200	55 ~ 200
l 系列		25、30、35、40、45、50、60、70、80、85、90、100 ~ 260(10 进位)、280、300					
l_0		12	15	18	22	28	32

注:①根据使用要求,螺杆上无螺纹部分直径(d_s)允许按 m6、u8 制造。按 m6 制造的杆径,其表面粗糙度为 1.6 μm。
　　②螺杆上无螺纹部分(d_s)的末端倒角为 45°,根据制造工艺要求,允许制成大于 45°、小于 1.5P(粗牙螺纹螺距)的颈部

2. 双头螺柱(表 8.14)

表 8.14 双头螺柱(GB/T 897—1988($b_m = 1d$)、
GB/T 898—1988($b_m = 1.25d$),GB/T 899—1988($b_m = 1.5d$)和 GB/T 900—1988($b_m = 2d$))

mm

两端形式	d	l	性能等级	表面处理	型号	b_m	标 记
两端均为粗牙普通螺纹	10	50	4.8	不处理	B	$1d$	螺柱 GB/T 897—1988 M10×50
旋入机体一端为粗牙普通螺纹,旋螺母一端为螺距 $P=1$ mm 的细牙普通螺纹	10	50	4.8	不处理	A	$1d$	螺柱 GB/T 897—1988 AM10—M10×1×50
旋入机体一端为过渡配合螺纹的第一种配合,旋螺母一端为粗牙普通螺纹	10	50	8.8	镀锌钝化	B	$1d$	螺柱 GB/T 897—1988 GM10—M10×50—8.8—Zn·D
旋入机体一端为过盈配合螺纹,旋螺母一端为粗牙普通螺纹	10	50	8.8	镀锌钝化	A	$2d$	螺柱 GB/T 900—1988 AYM10—M10×50—8.8—Zn·D

A 型

B 型

$X \approx 1.5P$(粗牙螺距)

续表 8.14

b_m（公称长度）

螺纹规格 d	M2	M2.5	M3	M4	M5	M6	M8	M10	M12	(M14)	M16	(M18)	M20	(M22)	M24	(M27)	M30	(M33)	M36	(M39)	M42	M48
GB/T 897	—	—	—	—	5	6	8	10	12	14	16	18	20	22	24	27	30	33	36	39	42	48
GB/T 898	—	—	—	—	6	8	10	12	15	—	20	—	25	—	30	—	38	—	45	—	52	60
GB/T 899	3	3.5	4.5	6	8	10	12	15	18	21	24	27	30	33	36	40	45	49	54	58	63	72
GB/T 900	4	5	5	8	10	12	16	20	24	28	32	36	40	44	48	54	60	66	72	78	84	96

l 与 b 值对照

l	M2	M2.5	M3	M4	M5	M6	M8	M10	M12	(M14)	M16	(M18)	M20	(M22)	M24	(M27)	M30	(M33)	M36	(M39)	M42	M48
12	6																					
(14)	6	8																				
16	6	8	6	8	10																	
(18)	10	8	6	8	10																	
20	10	11	6	8	10	10	12															
(22)	10	11	6	8	10	10	12															
25	10	11	12	14	16	14	16	14	16													
(28)		11	12	14	16	14	16	14	16													
30		11	12	14	16	14	16	16	16	18												
(32)				14	16	18	22	16	20	18	20											
35				14	16	18	22	16	20	18	20	22	25									
(38)				14	16	18	22	16	20	25	20	22	25									
40				14	16	18	22	26	20	25	30	22	25	30								
45					16	18	22	26	30	25	30	35	35	30	30							
50					16	18	22	26	30	34	30	35	35	40	30	35						
(55)						18	22	26	30	34	30	35	35	40	45	35						
60						18	22	26	30	34	38	35	35	40	45	35	40					
(65)						18	22	26	30	34	38	42	35	40	45	50	40	45				
70						18	22	26	30	34	38	42	46	40	45	50	50	45				
(75)						18	22	26	30	34	38	42	46	50	45	50	50	60	45			
80							22	26	30	34	38	42	46	50	54	50	50	60	60	50		
(85)							22	26	30	34	38	42	46	50	54	50	50	60	60	65	50	
90							22	26	30	34	38	42	46	50	54	60	66	60	60	65	70	
(95)								26	30	34	38	42	46	50	54	60	66	60	60	65	70	60
100								26	30	34	38	42	46	50	54	60	66	60	60	65	70	60
110								26	30	34	38	42	46	50	54	60	66	72	78	84	70	80
120								26	30	34	38	42	46	50	54	60	66	72	78	84	90	102
130								32	36	40	44	48	52	56	60	66	72	78	84	90	96	108
140									36	40	44	48	52	56	60	66	72	78	84	90	96	108
150									36	40	44	48	52	56	60	66	72	78	84	90	96	108
160									36	40	44	48	52	56	60	66	72	78	84	90	96	108
170									36	40	44	48	52	56	60	66	72	78	84	90	96	108
180									36	40	44	48	52	56	60	66	72	78	84	90	96	108
190											44	48	52	56	60	66	72	78	84	90	96	108
200											44	48	52	56	60	66	72	78	84	90	96	108
210																	85	91	97	103	109	121
220																	85	91	97	103	109	121
230																	85	91	97	103	109	121
240																	85	91	97	103	109	121
250																	85	91	97	103	109	121
260																			97	103	109	121
280																				103	109	121
300																				103	109	121

100 mm 长的质量/kg ≈

M2	M2.5	M3	M4	M5	M6	M8	M10	M12	(M14)	M16	(M18)	M20	(M22)	M24	(M27)	M30	(M33)	M36	(M39)	M42	M48
0.002	0.003	0.005	0.009	0.015	0.022	0.041	0.065	0.096	0.134	0.183	0.235	0.301	0.377	0.454	0.604	0.766	0.968	1.197	1.463	1.737	2.409

技术条件

材料	性能等级	螺纹公差	过渡及过盈配合螺纹	表面处理	产品等级
钢	4.8、5.8、6.8、8.8、10.9、12.9	6g	GM、G3M、YM（GB/T 900）；GM、G2M（GB/T 897、GB/T 898、GB/T 899）	表面处理（GB/T 897、GB/T 898）不经处理、镀锌钝化、氧化；表面处理（GB/T 899、GB/T 900）不经处理、氧化	B
不锈钢	A2-50、A2-70			不经钝化	

注：①左边的 l 系列查左边两边粗黑线之间的 b 值，右边的 l 系列查右边粗黑线上方的 b 值；②当 $(b-b_m)\le 5$ mm 时，旋螺母一端应制成倒圆端；③允许采用细牙螺纹和过渡配合螺纹；④GB/T 898—1988 d=M5～M20 为商品规格，其余均为通用规格；⑤$b_m=(1.25～1.5)d$，一般用于钢对钢；对铸铁 $b_m=2d$，一般用于钢对铝合金；⑥末端按 GB/T 2 规定

3. 螺钉(表 8.15)

表 8.15 开槽螺钉

mm

开槽锥端紧定螺钉(GB/T 71—1985)   开槽锥端定位螺钉(GB/T 72—1988)

u(不完整螺纹的长度)≤2P(P为螺距)

开槽平端紧定螺钉(GB/T 73—1985)   开槽凹端紧定螺钉(GB/T 74—1985)

螺纹规格 d	M1.2	M1.6	M2	M2.5	M3	M4	M5	M6	M8	M10	M12
螺距 P	0.25	0.35	0.4	0.45	0.5	0.7	0.8	1	1.25	1.5	1.75
d_f	≈螺纹小径										
n(公称)	0.2	0.25	0.25	0.4	0.4	0.6	0.8	1	1.2	1.6	2
t(最大)	0.52	0.74	0.84	0.95	1.05	1.42	1.63	2	2.5	3	3.6
$d_1 \approx$	—	—	—	—	1.7	2.1	2.5	3.4	4.7	6	7.3
d_2(推荐)	—	—	—	—	1.8	2.2	2.6	3.5	5	6.5	8
d_z(最大)	—	0.8	1	1.2	1.4	2	2.5	3	5	6	8
d_t(最大)	0.12	0.16	0.2	0.25	0.3	0.4	0.5	1.5	2	2.5	3
d_p(最大)	0.6	0.8	1	1.5	2	2.5	3.5	4	5.5	7	8.5

续表 8.15

z	GB/T 75	—	1.05	1.25	1.5	1.75	2.25	2.75	3.25	4.3	5.3	6.3
	GB/T 72	—	—	—	—	1.5	2	2.5	3	4	5	6
商品规格 长度 l	GB/T 71	2～6	2～8	3～10	3～12	4～16	6～20	8～25	8～30	10～40	12～50	14～60
	GB/T 72	—	—		—	4～16	4～20	5～20	6～25	8～35	10～45	12～50
	GB/T 73	2～6	2～8	2～10	2.5～12	3～16	4～20	5～25	6～30	8～40	10～50	12～60
	GB/T 74	—	2～8	2.5～10	3～12	3～16	4～20	5～25	6～30	8～40	10～50	12～60
	GB/T 75	—	2.5～8	3～10	4～12	5～16	6～20	8～25	8～30	10～40	12～50	14～60

l 系列	2、2.5、3、4、5、6、8、10、12、(14)、16、20、25、30、35、40、45、50、(55)、60

技术条件	材　料		钢	不　锈　钢	螺纹 公差 6g	产品等级:A
	性能 等级	GB/T 72	14H、33H	A1－50、C4－50		
		其他	14H、22H	A1－50		
	表面 处理	GB/T 72	不经处理; 氧化;镀锌钝化	不经处理		
		其他	氧化;镀锌钝化			

注:GB/T 72 没有 M1.2、M1.6、M2、M2.5 规格;GB/T 74 和 GB/T 75 没有 M1.2 规格

4. 螺母(表 8.16)

表 8.16　圆螺母(GB/T 812—1988)

标记示例

螺纹规格 D = M16 × 1.5、材料 45 钢、槽或全部热处

理后硬度为 HRC35 ~ 45、表面氧化的圆螺母,标记为:

螺母　GB/T 812—1988　M16 × 1.5

螺纹规格 $D \times P$	d_k	d_1	m	h(最小)	t(最小)	C	C_1	每 1 000 个的质量 /kg ≈
M10 × 1	22	16	8	4	2	0.5	0.5	16.82
M12 × 1.25	25	19						21.58
M14 × 1.5	28	20						26.82
M16 × 1.5	30	22						28.44
M18 × 1.5	32	24						31.19
M20 × 1.5	35	27						37.31
M22 × 1.5	38	30		5	2.5			54.91
M24 × 1.5	42	34				1		68.88
M25 × 1.5①								65.88
M27 × 1.5	45	37						75.49
M30 × 1.5	48	40						82.11
M33 × 1.5	52	43	10					92.32
M35 × 1.5①								84.99
M36 × 1.5	55	46						100.3
M39 × 1.5	58	49		6	3			107.3
M40 × 1.5①						1.5		102.5
M42 × 1.5	62	53						121.8
M45 × 1.5	68	59						153.6

续表 8.16

M48 × 1.5	72	61	12	8	3.5	0.5		201.2
M50 × 1.5①								186.8
M52 × 1.5	78	67						238
M55 × 2①								214.4
M56 × 2	85	74						290.1
M60 × 2	90	79						320.3
M64 × 2	95	84				1.5	1	351.9
M65 × 2①								342.4
M68 × 2	100	88						380.2
M72 × 2	105	93	15	10	4			518
M75 × 2①								477.5
M76 × 2	110	98						562.4
M80 × 2	115	103						608.4
M85 × 2	120	108						640.6
M90 × 2	125	112	18	12	5			796.1
M95 × 2	130	117						834.7
M100 × 2	135	122						873.3
M105 × 2	140	127						895
M110 × 2	150	135	22	14	6			1 076
M115 × 2	155	140						1 369
M120 × 2	160	145						1 423
M125 × 2	165	150						1 477
M130 × 2	170	155						1 531
M140 × 2	180	165						1 937
M150 × 2	200	180	26	16	7	2	1.5	2 651
M160 × 3	210	190						2 810
M170 × 3	220	200						2 970
M180 × 3	230	210						3 610
M190 × 3	240	220	30					3 794
M200 × 3	250	230						3 978

技术条件	材料	螺纹公差	热处理及表面处理
	45 钢	6H	槽或全部热处理后 HRC35 ~ 45;调质 HRC24 ~ 30;氧化

注:① 多用于滚动轴承锁紧装置,易于买到

5. 垫圈(表 8.17 和表 8.18)

表 8.17 平垫圈 C 级(摘自 GB/T 95—2002)、平垫圈 A 级(摘自 GB/T 97.1—2002)

和平垫圈倒角型 A 级(摘自 GB/T 97.2—2002)

标记示例

标准系列、规格 8 mm、由钢制造的硬度等级 HV 200、不经表面处理、产品等级 A 级的平垫圈,标记为:

垫圈 GB/T 97.1—2002 8

不锈钢组别:A2、F1、C1、A4、C4(按 GB/T 3098.6—2014)

规格(螺纹大径)		GB/T 95—2002			GB/T 97.1—2002			GB/T 97.2—2002		
		内径 d_1	外径 d_2	厚度 h	内径 d_1	外径 d_2	厚度 h	内径 d_1	外径 d_2	厚度 h
优选尺寸	1.6	1.8	4	0.3	1.7	4	0.3	—	—	—
	2	2.4	5	0.3	2.2	5	0.3	—	—	—
	2.5	2.9	6	0.5	2.7	6	0.5	—	—	—
	3	3.4	7	0.5	3.2	7	0.5	—	—	—
	4	4.5	9	0.8	4.3	9	0.8	—	—	—
	5	5.5	10	1	5.3	10	1	5.3	10	1
	6	6.6	12	1.6	6.4	12	1.6	6.4	12	1.6
	8	9	16	1.6	8.4	16	1.6	8.4	16	1.6
	10	11	20	2	10.5	20	2	10.5	20	2
	12	13.5	24	2.5	13	24	2.5	13	24	2.5
	16	17.5	30	3	17	30	3	17	30	3
	20	22	37	3	21	37	3	21	37	3
	24	26	44	4	25	44	4	25	44	4
	30	33	56	4	31	56	4	31	56	4
	36	39	66	5	37	66	5	37	66	5
	42	45	78	8	45	78	8	45	78	8
	48	52	92	8	52	92	8	52	92	8
	56	62	105	10	62	105	10	62	105	10
	64	70	115	10	70	115	10	70	115	10

续表 8.17

规格(螺纹大径)		GB/T 95—2002			GB/T 97.1—2002			GB/T 97.2—2002		
		内径 d_1	外径 d_2	厚度 h	内径 d_1	外径 d_2	厚度 h	内径 d_1	外径 d_2	厚度 h
非优选尺寸	3.5	3.9	8	0.5	—	—	—	—	—	—
	14	15.5	28	2.5	15	28	2.5	15	28	2.5
	18	20	34	3	19	34	3	19	34	3
	22	24	39	3	23	39	3	23	39	3
	27	30	50	4	28	50	4	28	50	4
	33	36	60	5	34	60	5	34	60	5
	39	42	72	6	42	72	6	42	72	6
	45	48	85	8	48	85	8	48	85	8
	52	56	98	8	56	98	8	56	98	8
	60	66	110	10	66	110	10	66	110	10

技术条件和引用标准

材 料		钢	材料	硬度等级	硬度范围
力学性能	硬度等级	HV 100	钢	HV 200 HV 300	HV 200 ~ 300 HV 300 ~ 370
	硬度范围	HV 100 ~ 200			
精度等级		C(GB/T 95—2002)、 A(GB/T 97.1 ~ 2—2002)	不锈钢	HV 200	HV 200 ~ 300

表面处理:不经表面处理,即垫圈应是本色的并涂有防锈油或按协议的涂层;电镀技术要求按 GB/T 5267.1;非电解锌片涂层技术要求按 GB/T 5267.2;对淬火回火的垫圈应采用适当的涂或镀工艺以免氢脆,当电镀或磷化处理垫圈时,应在电镀或涂层后立即进行适当处理,以驱除有害的氢脆,所有公差适用于镀或涂前尺寸

表 8.18　标准型弹簧垫圈(摘自 GB/T 93—1987)、轻型弹簧热圈(摘自 GB/T 859—1987)和

重型弹簧垫圈(摘自 GB/T 7244—1987)

标记示例

规格 16 mm、材料 65Mn、表面氧化的标准型弹簧垫圈,标记为:垫圈　　GB/T 93—1987　16

规格 (螺纹 大径)	d (最小)	GB/T 93—1987				GB/T 859—1987					GB/T 7244—1987				
		$S(b)$ (公称)	H (最大)	$m \leqslant$	每 1 000 个的质 量/kg ≈	S (公称)	b (公称)	H (最大)	$m \leqslant$	每 1 000 个的质 量/kg ≈	S (公称)	b (公称)	H (最大)	$m \leqslant$	每 1 000 个的质 量/kg ≈
2	2.1	0.5	1.25	0.25	0.01	—	—	—	—	—	—	—	—	—	—
2.5	2.6	0.65	1.63	0.33	0.01	—	—	—	—	—	—	—	—	—	—
3	3.1	0.8	2	0.4	0.02	0.6	1	1.5	0.3	0.03	—	—	—	—	—
4	4.1	1.1	2.75	0.55	0.05	0.8	1.2	2	0.4	0.05	—	—	—	—	—
5	5.1	1.3	3.25	0.65	0.08	1.1	1.5	2.75	0.55	0.11	—	—	—	—	—
6	6.1	1.6	4	0.8	0.15	1.3	2	3.25	0.65	0.21	1.8	2.6	4.5	0.9	0.39
8	8.1	2.1	5.25	1.05	0.35	1.6	2.5	4	0.8	0.43	2.4	3.2	6	1.2	0.84
10	10.2	2.6	6.5	1.3	0.68	2	3	5	1	0.81	3	3.8	7.5	1.5	1.56
12	12.2	3.1	7.75	1.55	1.15	2.5	3.5	6.25	1.25	1.41	3.5	4.3	8.75	1.75	2.44
(14)	14.2	3.6	9	1.8	1.81	3	4	7.5	1.5	2.24	4.1	4.8	10.25	2.05	3.69
16	16.2	4.1	10.25	2.05	2.68	3.2	4.5	8	1.6	3.08	4.8	5.3	12	2.4	5.4
(18)	18.2	4.5	11.25	2.25	3.65	3.6	5	9	1.8	4.31	5.3	5.8	13.25	2.65	7.31
20	20.2	5	12.5	2.5	5	4	5.5	10	2	5.84	6	6.4	15	3	10.11
(22)	22.5	5.5	13.75	2.75	6.76	4.5	6	11.25	2.25	7.96	6.6	7.2	16.5	3.3	13.97
24	24.5	6	15	3	8.76	5	7	12.5	2.5	11.2	7.1	7.5	17.75	3.55	16.96
(27)	27.5	6.8	17	3.4	12.6	5.5	8	13.75	2.75	16.04	8	8.5	20	4	24.33
30	30.5	7.5	18.75	3.75	17.02	6	9	15	3	21.89	9	9.3	22.5	4.5	33.11
(33)	33.5	8.5	21.25	4.25	23.84	—	—	—	—	—	9.9	10.2	24.75	4.95	43.86
36	36.5	9	22.5	4.5	29.32	—	—	—	—	—	10.8	11	27	5.4	56.13
(39)	39.5	10	25	5	38.92	—	—	—	—	—	—	—	—	—	—
42	42.5	10.5	26.25	5.25	46.44	—	—	—	—	—	—	—	—	—	—
(45)	45.5	11	27.5	5.5	54.84	—	—	—	—	—	—	—	—	—	—
48	48.5	12	30	6	69.2	—	—	—	—	—	—	—	—	—	—

注:① 标记示例中的材料为最常用的主要材料,其他技术条件按 GB/T 94.1 规定。

② 本表为商品紧固件品种,应优先选用。尽量不采用括号内的规格。

③ m 应大于零

8.4　螺纹传动设计中可能用到的标准

螺纹传动设计中可能用到的标准见表8.19。

表8.19　螺杆长度系数 μ

端部支承情况	长度系数 μ	备注
两端固定	0.5	① 判断螺杆端部支承情况的方法：
一端固定，一端不完全固定	0.6	滑动支承时，长径比小于1.5；
一端铰支，一端不完全固定	0.7	铰支，长径比1.5 ～ 3.0；
两端不完全固定	0.75	不完全固定，长径比大于3.0。 ② 固定支承：
两端铰支	1.0	整体螺母作支承时，同滑动支承； 剖分螺母作支承时，为不完全固定支承； 滚动支承时，有径向约束 —— 铰支，有径向和轴向约
一端固定，一端自由	2.0	束 —— 固定支承

8.5　轴系部件设计中可能用到的标准

轴系部件设计中可能会用到的标准见表8.20 ～ 8.26。

表8.20　深沟球轴承(GB/T 276—1994)

外形尺寸　　　　安装尺寸　　　　规定画法

标记示例:滚动轴承6210　GB/T 276—1994

续表 8.20

$\dfrac{A}{C_{or}}$	e	基 本 组 游 隙				$A/R \leqslant 0.8$		$A/R > 0.8$	
		$A/R \leqslant e$		$A/R > e$		X_0	Y_0	X_0	Y_0
		X	Y	X	Y				
0.014	0.19	1	0	0.56	2.3				
0.028	0.22	1	0	0.56	1.99				
0.056	0.26	1	0	0.56	1.71	1	0	0.6	0.5
0.084	0.28	1	0	0.56	1.55				
0.11	0.3	1	0	0.56	1.45				
0.17	0.34	1	0	0.56	1.31				
0.28	0.38	1	0	0.56	1.15				
0.42	0.42	1	0	0.56	1.04				
0.56	0.44	1	0	0.56	1.06				

轴承代号	尺寸 /mm				安装尺寸 /mm			基本额定负荷 /kN		极限转速 /($r \cdot min^{-1}$)	
	d	D	B	r_{min}	d_a min	D_a max	r_a max	C_r(动)	C_{or}(静)	脂润滑	油润滑
(0)2 尺寸系列											
6204	20	47	14	1	26	41	1	12.8	6.65	14 000	18 000
6205	25	52	15	1	31	46	1	14.0	7.88	13 000	17 000
6206	30	62	16	1	36	56	1	19.5	11.3	9 500	13 000
6207	35	72	17	1.1	42	65	1	25.7	15.3	8 500	11 000
6208	40	80	18	1.1	47	73	1	29.5	18.1	8 000	10 000
6209	45	85	19	1.1	52	78	1	31.7	20.7	7 000	9 000
6210	50	90	20	1.1	57	83	1	35.1	23.2	6 700	8 500
6211	55	100	21	1.5	64	91	1.5	43.4	29.2	6 000	7 500
6212	60	110	22	1.5	69	101	1.5	47.8	32.9	5 600	7 000
6213	65	120	23	1.5	74	111	1.5	57.2	40.0	5 000	6 300
(0)3 尺寸系列											
6304	20	52	15	1.1	27	45	1	15.9	7.88	13 000	17 000
6305	25	62	17	1.1	32	55	1	22.4	11.5	10 000	14 000
6306	30	72	19	1.1	37	65	1	27.0	15.2	9 000	12 000
6307	35	80	21	1.5	44	71	1.5	33.4	19.2	8 000	10 000
6308	40	90	23	1.5	48	81	1.5	40.8	24.0	7 000	9 000
6309	45	100	25	1.5	54	91	1.5	52.9	31.8	6 300	8 000
6310	50	110	27	2	60	100	2	61.9	37.9	6 000	7 500
6311	55	120	29	2	65	110	2	71.6	44.8	5 800	6 700
6312	60	130	31	2.1	72	118	2.1	81.8	51.9	5 600	6 300
6313	65	140	33	2.1	77	128	2.1	93.9	60.4	4 500	5 600

表 8.21　角接触球轴承(GB/T 292—1994)

外形尺寸　　　安装尺寸　　　规定画法

标记示例:滚动轴承 7216AC　GB/T 292—1994

$\dfrac{A}{C_{or}}$	e	C 型($\alpha=15°$)						AC 型($\alpha=25°$)						
		A/R≤e		A/R>e		X_0	Y_0	e	A/R≤e		A/R>e		X_0	Y_0
		X	Y	X	Y				X	Y	X	Y		
0.015	0.38				1.47									
0.029	0.40				1.40									
0.058	0.43				1.30									
0.087	0.46				1.23									
0.12	0.47	1	0	0.44	1.19	0.5	0.46	0.68	1	0	0.41	0.87	0.5	0.33
0.17	0.50				1.12									
0.29	0.55				1.02									
0.44	0.56				1.00									
0.58	0.56				1.00									

轴承代号		尺寸/mm							安装尺寸/mm			基本额定负荷/kN				极限转速/(r·min⁻¹)	
		d	D	B	r min	r_1 min	a C 型	a AC 型	d_a min	D_a max	r_a max	C_r(动) C 型	C_r(动) AC 型	C_{or}(静) C 型	C_{or}(静) AC 型	脂润滑	油润滑
(0)2 尺寸系列																	
7204C	7204AC	20	47	14	1.0	0.3	11.5	14.9	26	41	1	11.2	10.8	7.46	7.00	13 000	18 000
7205C	7205AC	25	52	15	1.0	0.3	12.7	16.4	31	46	1	12.8	12.2	8.95	7.38	11 000	16 000
7206C	7206AC	30	62	16	1.0	0.3	14.2	18.7	36	56	1	17.8	16.8	12.8	12.2	9 000	13 000
7207C	7207AC	35	72	17	1.1	0.6	15.7	21.0	42	65	1	23.5	22.5	17.5	16.5	8 000	11 000
7208C	7208AC	40	80	18	1.1	0.6	17.0	23.0	47	73	1	26.8	25.8	20.5	19.2	7 500	10 000
7209C	7209AC	45	85	19	1.1	0.6	18.2	24.7	52	77	1	29.8	28.2	23.8	22.5	6 700	9 000
7210C	7210AC	50	90	20	1.1	0.6	19.4	26.3	57	83	1	32.8	31.5	26.8	25.2	6 300	8 500
7211C	7211AC	55	100	21	1.5	0.6	20.9	28.6	64	91	1.5	40.8	38.8	33.8	31.8	5 600	7 500
7212C	7212AC	60	110	22	1.5	0.6	22.4	30.8	69	101	1.5	44.8	42.8	37.8	35.5	5 300	7 000
7213C	7213AC	65	120	23	1.5	0.6	24.2	33.5	74	111	1.5	53.8	51.2	46.0	43.2	4 800	6 300

续表 8.21

轴 承 代 号		尺　寸/mm							安装尺寸/mm			基本额定负荷/kN				极限转速/	
		d	D	B	r	r_1	a		d_a	D_a	r_a	C_r(动)		C_{or}(静)		$(r \cdot min^{-1})$	
					min	min	C 型	AC 型	min	max	max	C 型	AC 型	C 型	AC 型	脂润滑	油润滑
(0)3　尺　寸　系　列																	
7304C	7304AC	20	52	15	1.1	0.6	11.3	16.3	27	45	1	14.2	13.8	9.68	9.0	12 000	17 000
7305C	7305AC	25	62	17	1.1	0.6	13.1	19.1	32	55	1	21.5	20.8	15.8	14.8	9 500	14 000
7306C	7306AC	30	72	19	1.5	0.6	15.0	22.2	37	65	1	26.2	25.2	19.8	18.5	8 500	12 000
7307C	7307AC	35	80	21	1.5	0.6	16.6	24.5	44	71	1.5	34.2	32.8	26.8	24.8	7 500	10 000
7308C	7308AC	40	90	23	1.5	0.6	18.5	27.5	49	81	1.5	40.2	38.5	32.8	30.5	6 700	9 000
7309C	7309AC	45	100	25	1.5	0.6	20.2	30.2	54	91	1.5	49.2	47.5	39.8	37.2	6 000	8 000
7310C	7310AC	50	110	27	2	1.0	22.0	33.0	60	99	2	55.5	53.5	47.2	44.5	5 600	7 500
7311C	7311AC	55	120	29	2	1.0	23.8	35.8	65	110	2	70.5	67.2	60.5	56.8	5 000	6 700
7312C	7312AC	60	130	31	2.1	1.1	25.6	38.7	72	118	2.1	80.5	77.8	70.2	65.8	4 800	6 300
7313C	7313AC	65	140	33	2.1	1.1	27.4	41.5	77	128	2.1	91.5	89.8	80.5	70.5	4 300	5 600

表 8.22　单列圆柱滚子轴承(GB/T 283—1994)

N0000 型　　NU0000 型

外形尺寸　　　　　安装尺寸　　　　　规定画法

标记示例:滚动轴承 N308　GB/T 283—1994

续表 8.22

轴承代号		极限转速/ (r·min⁻¹)		尺寸/mm									安装尺寸 /mm		基本额定 负荷/kN	
		d	D	B	r min	r_1 min	d_a mix	D_a max	d_b min	D_b min	r_a max	r_{1a} max	C_r (动)	C_{or} (静)	脂润滑	油润滑
(0)2 尺 寸 系 列																
N204E	NU204E	20	47	14	1	0.6	25	42	29	42	1	0.6	26.9	15.8	13 000	16 000
N205E	NU205E	25	52	15	1	0.6	30	47	34	47	1	0.6	28.8	17.5	12 000	15 000
N206E	NU206E	30	62	16	1	0.6	36	56	40	57	1	0.6	37.7	22.8	9 500	12 000
N207E	NU207E	35	72	17	1.1	0.6	42	64	46	65.5	1	0.6	47.8	31.5	8 000	9 900
N208E	NU208E	40	80	18	1.1	1.1	47	72	52	73.5	1	1	53.9	33.2	7 200	8 800
N209E	NU209E	45	85	19	1.1	1.1	52	77	57	78.5	1	1	61.3	39.2	6 600	8 200
N210E	NU210E	50	90	20	1.1	1.1	57	83	62	83.5	1	1	64.1	41.8	6 100	7 600
N211E	NU211E	55	100	21	1.5	1.1	63.5	91	68	92	1.5	1	84.0	57.2	5 500	6 800
N212E	NU212E	60	110	22	1.5	1.5	59	100	75	102	1.5	1.5	94.0	61.8	5 100	6 200
N213E	NU213E	65	120	23	1.5	1.5	74	108	82	112	1.5	1.5	107	71.5	4 600	5 700
(0)3 尺 寸 系 列																
N304E	NU304E	20	52	15	1.1	0.6	26.5	47	30	45.5	1	0.6	30.4	17.5	13 000	16 000
N305E	NU305E	25	62	17	1.1	1.1	31.5	55	37	55.5	1	1	40.3	23.8	9 900	12 000
N306E	NU306E	30	72	19	1.1	1.1	37	64	44	65.5	1	1	51.7	31.5	8 400	10 000
N307E	NU307E	35	80	21	1.5	1.1	44	71	48	72	1	1	65.0	40.5	7 500	9 200
N308E	NU308E	40	90	23	1.5	1.5	49	80	55	82	1.5	1.5	80.4	50.0	6 600	8 200
N309E	NU309E	45	100	25	1.5	1.5	45	89	60	92	1.5	1.5	97.4	62.2	5 900	7 300
N310E	NU310E	50	110	27	2	2	60	98	67	101	2	2	110	71	5 400	6 600
N311E	NU311E	55	120	29	2	2	65	107	72	111	2	2	135	89	4 900	6 100
N312E	NU312E	60	130	31	2.1	2.1	72	116	79	119	2.1	2.1	150	99.2	4 500	5 600
N313E	NU313E	65	140	33	2.1	2.1	77	125	85	129	2.1	2.1	179	120	4 200	5 200

注:E 表示轴承内部结构设计改进、增大轴承承载能力的加强型

表 8.23　单列圆锥滚子轴承（GB/T 297—1994）

外形尺寸　30000 型

安装尺寸

规定画法

标记示例：滚动轴承 30211 GB/T 297—1994

e		见本表		计算系数	
A/R		≤e	>e		
X		1	0.4		
Y		0	见本表		
X₀		1	0.5		
Y₀		0	见本表		

当 $P_0 < R$ 时，取 $P_0 = R$

轴承代号	尺　寸/mm									安　装　尺　寸/mm								基本额定负荷/kN		极限转速/(r·min⁻¹)		计算系数		
	d	D	T	B	C	a ≈	r min	r_1 min	r_2 min	d_a min	d_b max	D_a max	D_b min	a_1 min	a_2 min	r_a max	r_{1a} max	C_r(动)	C_{or}(静)	脂润滑	油润滑	e	Y	Y_0
										02 尺 寸 系 列														
30204	20	47	15.25	14	12	11.2	1	1	0.5	26	27	41	43	2	3.5	1	1	28.2	30.6	8 000	10 000	0.35	1.7	1
30205	25	52	16.25	15	13	12.6	1	1	0.5	31	31	46	48	2	3.5	1	1	32.2	37	7 000	9 000	0.37	1.6	0.9
30206	30	62	17.25	16	14	13.8	1	1	0.5	36	37	56	58	2	3.5	1	1	43.3	50.5	6 000	7 500	0.37	1.6	0.9
30207	35	72	18.25	17	15	15.3	1.5	1.5	0.8	42	44	65	67	3	3.5	1.5	1.5	54.2	63.5	5 300	6 700	0.37	1.6	0.9
30208	40	80	19.75	18	16	16.9	1.5	1.5	0.8	47	49	73	75	3	4	1.5	1.5	63.0	74.0	5 000	6 300	0.37	1.6	0.9
30209	45	85	20.75	19	16	18.6	1.5	1.5	0.8	52	53	78	80	3	5	1.5	1.5	67.9	83.6	4 500	5 600	0.4	1.5	0.9
30210	50	90	21.75	20	17	20	1.5	1.5	0.8	57	58	83	86	3	5	1.5	1.5	73.3	92.1	4 300	5 300	0.42	1.4	0.8
30211	55	100	22.75	21	18	21	2	1.5	0.8	64	64	91	95	4	5	1	1.5	90.8	114	3 800	4 800	0.4	1.5	0.8
30212	60	110	23.75	22	19	22.4	2	1.5	0.8	69	69	101	103	4	5	2	1.5	103	130	3 600	4 500	0.4	1.5	0.8
30213	65	120	24.75	23	20	24	2	1.5	0.8	74	77	111	114	4	5	2	1.5	121	153	3 200	4 000	0.4	1.5	0.8

续表 8.23

轴承代号	尺寸/mm									安装尺寸/mm								基本额定负荷/kN		极限转速/(r·min⁻¹)		计算系数		
	d	D	T	B	C	$a \approx$	r min	r_1 min	r_2 min	d_a min	d_b max	D_a max	D_b min	a_1 min	a_2 min	r_a max	r_{1a} max	C_r(动)	C_{or}(静)	脂润滑	油润滑	e	Y	Y_0
									03 尺寸系列															
30304	20	52	16.25	15	13	11	1.5	1.5	0.8	27	28	45	48	3	3.5	1.5	1.5	33.1	33.2	7 500	9 500	0.3	2	1.1
30305	25	62	18.25	17	15	13	1.5	1.5	0.8	32	34	55	58	3	3.5	1.5	1.5	46.9	48.1	6 300	8 000	0.3	2	1.1
30306	30	72	20.75	19	16	15	1.5	1.5	0.8	37	40	65	66	3	5	1.5	1.5	59.0	63.1	5 600	7 000	0.31	1.9	1
30307	35	80	22.75	21	18	17	2	1.5	0.8	44	45	71	74	3	5	2	1.5	75.3	82.6	5 000	6 300	0.31	1.9	1
30308	40	90	25.25	23	20	19.5	2	1.5	0.8	49	52	81	84	3	5.5	2	1.5	90.9	108	4 500	5 600	0.35	1.7	1
30309	45	100	27.75	25	22	21.5	2	1.5	0.8	54	59	91	94	3	5.5	2	1.5	109	130	4 000	5 000	0.35	1.7	1
30310	50	110	29.25	27	23	23	2.5	2	1	60	65	100	103	4	6.5	2.1	2	130	157	3 800	4 800	0.35	1.7	1
30311	55	120	31.5	29	25	25	2.5	2	1	65	70	110	112	4	6.5	2.1	2	153	188	3 400	4 500	0.35	1.7	1
30312	60	130	33.5	31	26	26.5	3	2.5	1.2	72	76	118	121	5	7.5	2.5	2.1	171	210	3 200	4 000	0.35	1.7	1
30313	65	140	36	33	28	29	3	2.5	1.2	77	83	128	131	5	8	2.5	2.1	196	242	2 800	3 600	0.35	1.7	1
									22 尺寸系列															
32206	30	62	21.25	20	17	15.4	1	1	0.5	36	36	56	58	3	4.5	1	1	57.8	63.7	6 000	7 500	0.37	1.6	0.9
32207	35	72	24.25	23	19	17.6	1.5	1.5	0.8	42	42	65	68	3	5.5	1.5	1.5	70.6	89.5	5 300	6 700	0.37	1.6	0.9
32208	40	80	24.75	23	19	19	1.5	1.5	0.8	47	48	73	75	3	6	1.5	1.5	77.9	97.2	5 000	6 300	0.37	1.6	0.9
32209	45	85	24.75	23	19	20	1.5	1.5	0.8	52	53	78	81	3	6	1.5	1.5	80.7	104	4 500	5 600	0.4	1.5	0.8
32210	50	90	24.75	23	19	21	1.5	1.5	0.8	57	57	83	86	3	6	1.5	1.5	82.8	108	4 300	5 300	0.42	1.4	0.8
32211	55	100	26.75	25	21	22.5	2	1.5	0.8	64	62	91	96	4	6	2	1.5	108	142	3 800	4 800	0.4	1.5	0.8
32212	60	110	29.75	28	24	24.9	2	1.5	0.8	69	68	101	105	4	6	2	15	133	180	3 600	4 500	0.4	1.5	0.8
32213	65	120	32.75	31	27	27.2	2	1.5	0.8	74	75	111	115	4	6	2	1.5	161	222	3 200	4 000	0.4	1.5	0.8

续表 8.23

23 系列

轴承代号	尺寸/mm									安装尺寸系列/mm								基本额定负荷/kN		极限转速/(r·min⁻¹)		计算系数		
	d	D	T	B	C	$a \approx$	r min	r_1 min	r_2 min	d_a min	d_b max	D_a max	D_b min	a_1 min	a_2 min	r_a max	r_{1a} max	C_r(动)	C_{or}(静)	脂润滑	油润滑	e	Y	Y_0
32304	20	52	22.25	21	18	13.4	1.5	1.5	0.8	27	28	45	48	3	4.5	1.5	1.5	42.7	46.3	7 500	9 500	0.3	2	1
32305	25	62	25.25	24	20	15.5	1.5	1.5	0.8	32	32	55	58	3	5.5	1.5	1.5	61.6	68.8	6 300	8 000	0.3	2	1.1
32306	30	72	23.75	27	23	18.8	1.5	1.5	0.8	37	38	65	66	4	6	1.5	1.5	81.6	96.4	5 600	7 000	0.31	1.9	1
32307	35	80	32.75	31	25	20.5	2	1.5	0.8	44	43	71	74	4	8	2	1.5	99.0	118	5 000	6 300	0.31	1.9	1
32308	40	90	35.25	33	27	23.4	2	1.5	0.8	49	49	81	83	4	8.5	2	1.5	115.7	148	4 500	5 600	0.35	1.7	1
32309	45	100	38.25	36	30	25.6	2	1.5	0.8	54	56	91	93	4	8.5	2	1.5	145	189	4 000	5 000	0.35	1.7	1
32310	50	110	42.25	40	33	28	2.5	2	1	60	61	100	102	5	9.5	2.1	2	178	236	3 800	4 800	0.35	1.7	1
32311	55	120	45.5	43	35	30.6	2.5	2	1	65	66	110	111	5	10.5	2.1	2	203	271	3 400	4 300	0.35	1.7	1
32312	60	130	48.5	46	37	32	3	2.5	1.2	72	72	118	122	6	11.5	2.5	2.1	227	303	3 200	4 000	0.35	1.7	1
32313	65	140	51	48	39	34	3	2.5	1.2	77	79	128	131	6	12	2.5	2.1	260	350	2 800	3 600	0.35	1.7	1

表 8.24　角接触轴承的轴向游隙

圆锥滚子轴承轴向游隙

轴承公称内径 d/mm		允 许 轴 向 游 隙 的 范 围 /μm						II 型轴承间允许的距离（大概值）
		接触角 $\alpha = 15°$				$\alpha = 25°$ 及 $\alpha = 40°$		
		I 型		II 型		I 型		
大于	至	最小	最大	最小	最大	最小	最大	
≤ 30		20	40	30	50	10	20	$8d$
30	50	30	50	40	70	15	30	$7d$
50	80	40	70	50	100	20	40	$6d$
80	120	50	100	60	150	30	50	$5d$

轴承公称内径 d/mm		允 许 轴 向 游 隙 的 范 围 /μm						II 型轴承间允许的距离（大概值）
		接触角 $\alpha = 10° \sim 16°$				$\alpha = 25° \sim 29°$		
		I 型		II 型		I 型		
大于	至	最小	最大	最小	最大	最小	最大	
≤ 30		20	40	40	70	—	—	$14d$
30	50	40	70	50	100	20	40	$12d$
50	80	50	100	80	150	30	50	$11d$
80	120	80	150	120	200	40	70	$10d$

表 8.25　毡圈油封及槽尺寸(**FZ/T 92010—1991**)　　　　　　　　mm

标记示例:

d = 28 mm 毡圈封油

毡圈 28 FZ/T 92010—1991

轴　径	毡　　圈				沟　　槽						毡圈结合处接头线的倾斜尺寸	
									B_{min}			
d	d_1	D	b	D_1	d_0	b_1	b_2	用于钢	用于铸铁		d	c
16	15	26		27	17							
18	17	28	3.5	29	19	3	4.3				≥ 15 ~ 20	17
20	19	30		31	21			10	12			
22	21	32		33	23						≥ 20 ~ 45	21
25	24	37		38	26							
28	27	40		41	29							
30	29	42		43	31						≥ 45 ~ 65	27
32	31	44		45	33							
35	34	47	5	48	36	4	5.5					
38	37	50		51	39						≥ 65 ~ 85	32
40	39	52		53	41							
42	41	54		55	43						≥ 85 ~ 95	36
45	44	57		58	46							
48	47	60		61	49			12	15		≥ 95 ~ 120	40
50	49	66		67	51							
55	54	71		72	56	5	7.1					
60	59	76		77	61						≥ 120 ~ 135	58
65	64	81	7	82	66							
70	69	88		89	71						≥ 135 ~ 240	60
75	74	93		94	76	6	8.3					
80	79	98		99	81							

表 8.26　内包骨架旋转轴唇形密封圈（GB/T 1387.1—1992） mm

d 轴基本尺寸	D			极限偏差	b 基本宽度及极限偏差	d 轴基本尺寸	D			极限偏差	b 基本宽度及极限偏差
	基 本	外 径					基 本	外 径			
10	22	25				38	55	58	62		
12	24	25	30			40	55	(60)	62		
15	26	30	35			42	55	62	(65)		
16	(28)	30	(35)			45	62	65	70		8 ±0.3
18	38	35	(40)		7 ±0.3	50	68	(70)	72		
20	35	40	(45)	+0.30		52	72	75	78	+0.35	
22	35	40	47	+0.15		55	72	(75)	80	+0.20	
25	40	47	52*			60	80	85	(90)		
28	40	47	52			65	85	90	(95)		
30	42	47	(50)	52*		70	90	95	(100)		10 ±0.3
32	45	47	52*		8 ±0.3	75	95	100			
35	50	52*	55*			80	100	(105)	110		

内包骨架旋转轴唇形密封圈槽的尺寸及安装示例

注:有"＊"号的基本外径的极限偏差为 $^{+0.35}_{+0.20}$

参考文献

［1］王黎钦,陈铁鸣.机械设计［M］.4 版.哈尔滨:哈尔滨工业大学出版社,2008.

［2］王连明,宋宝玉.机械设计课程设计［M］.哈尔滨:哈尔滨工业大学出版社, 2005.

［3］王瑜,敖宏瑞.机械设计基础［M］.5 版.哈尔滨:哈尔滨工业大学出版社,2015.

［4］张锋,宋宝玉.机械设计大作业指导书［M］.北京:高等教育出版社,2009.

［5］陈铁鸣.新编机械设计课程设计图册［M］.北京:高等教育出版社,2003.